Vögel

einfach und sicher bestimmen

Und so finden Sie sich zurecht

Bestimmen Sie zunächst mit dem

Kennfarben-Code:

➤ **Bis Sperlingsgröße**
Seite 26–67

Hier finden Sie kleine Singvögel, z. B. Meisen, Schwalben, Grasmücken, Rotkehlchen, Finken und Sperlinge.
(Bild: Feldsperling)

➤ **Bis Amselgröße**
Seite 68–105

Hier finden Sie Vögel von Sperlings- bis Amselgröße, z. B. Lerchen, die kleineren Drosselarten, Wachtel und kleine Spechte.
(Bild: Amsel)

➤ **Bis Taubengröße**
Seite 106–131

Hier finden Sie Vögel ab Amselgröße bis zur Größe einer Straßentaube, z. B. Kiebitz, Kuckuck, Dohle oder Rebhuhn.
(Bild: Straßentauben)

Im Bestimmungsteil sind die Vögel in fünf Farbgruppen eingeteilt.

➤ Bis Krähengröße
Seite 132–155

Hier finden Sie Vögel bis zur Größe einer Rabenkrähe, wie etwa Möwen, Krähen, Elster, Eulen und kleine Entenarten.
(Bild: Rabenkrähe)

➤ Größer als eine Krähe
Seite 156–185

Hier finden Sie Greifvögel, Störche, Uhu, Kolkrabe und Auerhuhn ebenso wie große Enten, Gänse und Schwäne.
(Bild: Habicht)

LÄNGENANGABEN:

von der Schnabelspitze bis zur Schwanzspitze

- Größe bis 15 cm
- 15 bis 25 cm
- 25 bis 35 cm
- 35 bis 47 cm
- größer als 47 cm

So bestimmen Sie einfach und sicher

Trauerschnäpper

Ficedula hypoleuca

Aussehen: Rund 13 cm groß; Männchen im Prachtkleid ① dunkel graubraun bis tiefschwarz mit weißer Unterseite, Stirn und Flügelbinden, im herbstlichen Schlichtkleid wie die Weibchen ④, d. h. weniger kontrastreich und mit dunkler Stirn. Flügelbinden bei beiden Geschlechtern im Flug gut zu erkennen ③. Jungvögel kräftig gefleckt ②.

Stimme: Ruf ein [illegible], klares »bitt« oder ein scharfes »tzec[illegible]g wehmütig klingend, aus auf- und [illegible]enden Tonreihen.

Vorkommen: In hochstämmigen Wäldern sowie in Parks und Gärten mit altem Baumbestand; gebietsweise recht häufig; Zugvogel, der im tropischen Afrika überwintert.

Nahrung: Insekten, die entweder im Flug erhascht oder von Laub und Zweigen abgelesen werden; im Spätsommer und Herbst auch Beeren.

Brut: Nest in Baumhöhlen, gern auch in Nistkästen; 1 – 2 Bruten mit 5 – 7 blass türkisfarbenen Eiern.

Typisch

Insbesondere nach dem Landen zeigt der Trauerschnäpper wie auch der G[illegible]uschnäpper ei[illegible]ristische[illegible]cken.

46 47

1. Schritt: Vergleichen mit dem Hauptbild

Jedes Hauptbild zeigt den Vogel mit seinen charakteristischen Merkmalen in seiner natürlichen Lebenswelt. Verwechselbare Arten stehen oft untereinander.

2. Schritt: Identifizieren von Bestimmungsmerkmalen

Die beiden Grafiken und das zusätzliche Foto heben die typischen Bestimmungsmerkmale deutlich hervor und geben wichtige Zusatzinformationen. Anhand dieser Merkmale lässt sich eine Art häufig schon zweifelsfrei bestimmen.

3. Schritt: Bestimmungstext

Im Bestimmungstext werden die wesentlichen Bestimmungsmerkmale in verständlicher Sprache aufgeführt. Zahlenverweise stellen jeweils den Bezug zu den Fotos und Grafiken her. Neben dem äußeren Erscheinungsbild des Vogels sind auch seine Rufe und Gesänge beschrieben ebenso wie seine bevorzugte Nahrung. Darüber hinaus finden Sie Angaben über die Verbreitung und den Lebensraum der dargestellten Art in Mitteleuropa – ebenfalls häufig eine Hilfe beim Bestimmen. Hinweise auf ähnlich aussehende Arten schließen den Text oft ab.

4. Schritt: Die Jahresuhr

Auch die Jahreszeit ist eine wichtige zusätzliche Bestimmungshilfe. Die hellgrauen Bereiche geben die Monate an, in denen der Vogel bei uns angetroffen werden kann. Die dunkelgrau markierten Sektoren bezeichnen seine Brutzeit, d. h. die Zeit von der Eiablage bis zum Selbstständigwerden der Jungen. Einzelne individuelle Abweichungen sind allerdings stets möglich.

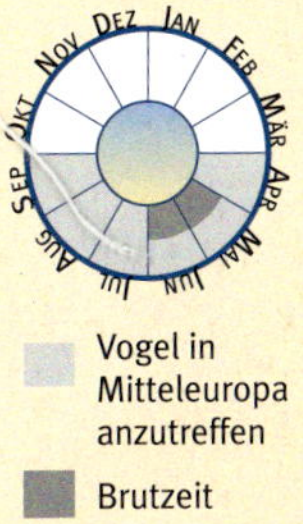

5. Schritt: Infokasten

Wichtige zusätzliche Informationen über markante Eigenschaften oder typische Verhaltensweisen gibt der farbig unterlegte Infokasten. Alle Elemente zusammen ermöglichen die genaue Bestimmung der gesuchten Art.

Typisch

Insbesondere nach dem Landen zeigt der Trauerschnäpper wie auch der Grauschnäpper ein charakteristisches Flügelzucken.

Vögel

› Der Zaunkönig schätzt naturnah gestaltete Gärten als Lebensraum.

Die faszinierende Welt unserer Vögel

Vögel vermochten die Menschen von jeher zu begeistern, sei es mit ihrer Fähigkeit zu fliegen, sei es mit den oft bunten Gefiederfarben oder den Gesängen.
Das Größenspektrum unserer heimischen Vogelarten reicht von sehr kleinen Arten wie dem Zaunkönig oder dem Goldhähnchen, die vom Schnabel bis zur Schwanzspitze noch nicht einmal 10 cm messen, bis hin zu so stattlichen Erscheinungen wie dem Storch, Schwan oder Adler, die es allesamt auf eine Flügelspannweite von über 2 m bringen.

In Feld, Wald und Wiese

Die meisten Arten haben sich mehr oder weniger stark an einen bestimmten Lebensraum angepasst. Wo man einen Vogel sieht, kann daher bereits eine gewisse Hilfe darstellen, ihn zu identifizieren. Einen Gebirgsvogel wie z. B. die

› Waldohreule (Jungvogel)

Alpendohle wird man im Norddeutschen Tiefland vergeblich suchen, einen Vogel der offenen Landschaft wie die Feldlerche trifft man nicht im tiefen Wald. Allerdings wissen etliche Vögel auch die Vorteile verschiedener Lebensräume zu nutzen. So brüten viele Greifvögel zwar in der Deckung des Walds, fliegen zur Beutejagd aber in angrenzende offene Landschaften.

› Fischadler

Nachbarn des Menschen

Einige heimische Vogelarten, z. B. der Haussperling, die Rauch- oder die Mehlschwalbe, sind so gut wie ausschließlich in Dörfern oder Städten anzutreffen. Sie sind zu so genannten Kulturfolgern geworden, die von der Anwesenheit des Menschen profitieren, sei es, dass ihnen Gebäude Unterschlupf und Brutmöglichkeiten gewähren, sei es, dass sie auf Müllplätzen oder durch Parkfütterungen neue Nahrungsquellen erschlossen haben.

› Singdrossel

› Rebhuhn

WARUM LATEINISCHE NAMEN?

Jede Vogelart hat außer ihrem deutschen auch noch einen lateinischen Namen. Während es im Deutschen oft mehrere, teilweise volkstümliche oder regional verschiedene Bezeichnungen für ein und denselben Vogel gibt, sind die lateinischen, aus zwei Wörtern bestehenden Namen in der Regel eindeutig und international gültig. Das erste Wort, der Gattungsname, bezeichnet dabei die engere Verwandtschaftsgruppe des Vogels, das zweite, stets kleingeschriebene Wort ist der eigentliche Artname.

› Spezielle Bezeichnungen für einige Körperteile und Gefiederpartien.

Mit Federn geschmückt

Vögel sind die einzigen Tiere, die Federn tragen. Vom Schnabel und den Beinen abgesehen ist gewöhnlich ihr ganzer Körper damit umhüllt. Das Federkleid gibt dem Vogelkörper seine glatte, kompakte Form, es hält ihn warm, schützt ihn vor Sonnenbrand ebenso wie vor Durchnässung und verleiht ihm nicht zuletzt seine arttypische Gestalt und Färbung. In einer körpernahen Schicht enthält es flauschige Dunen, während die Deckschicht aus glatten Konturfedern besteht. Die Tragfläche der Flügel wird größtenteils von stabilen Schwungfedern gebildet.

Federkleider der Jungvögel

Nestlinge und Küken tragen ein Dunenkleid, das ausschließlich aus wärmeisolierenden Dunenfedern besteht. Das erste Vollgefieder, in dem der junge Vogel flugfähig wird, das so genannte Jugendkleid, ist in der Regel noch

Auffällige Flügelabzeichen

Viele Vögel tragen auf den Flügeln ein kontrastfarbenes Abzeichen. Je nach dessen Aussehen und Lage verwenden die Vogelkundler verschiedene Begriffe dafür: Eine Flügelbinde, wie sie z. B. die Kohlmeise aufweist, ist ein Streifen auf den Deckfedern des Flügels. Ein Flügelstreif, wie er etwa beim Stieglitz vorkommt, zieht sich über die Basis der großen Schwungfedern. Typisch für viele Enten ist ein von Konturlinien begrenzter Flügelspiegel.

anders gefärbt oder gemustert als das der Altvögel. Einige Arten sind erst mit mehreren Jahren voll ausgefärbt, so etwa die Adler oder Möwen.

Kleiderwechsel

Trotz sorgfältiger Pflege, die alle Vögel ihrem Gefieder angedeihen lassen, nützt sich das Federkleid allmählich ab und kann dann seine Funktionen nicht mehr gut erfüllen. Daher muss es regelmäßig erneuert werden. Der Gefiederwechsel, die Mauser, kann sich je nach Vogelart in einem Zug oder etappenweise vollziehen, bis zu dreimal jährlich oder nur alle 2–3 Jahre. Viele Arten legen vor der Brutsaison ein besonders farbenfrohes oder kontrastreiches Prachtkleid an, und wenn die Brutzeit beendet ist, wechseln sie in ein unauffälligeres Schlichtkleid.

Flügelbinde der Kohlmeise

Flügelstreif des Stieglitzes

Flügelspiegel der Knäkente

› Wangenfleck bei einer Kohlmeise

› Weißer Überaugenstreif einer Gebirgsstelze

› Gelber Flügelstreif bei einem Stieglitz

› Quer gebändertes Brustgefieder des Habichts

› Tropfenförmig geflecktes Brustgefieder eines Junghabichts

› Rohrweihe (Männchen)

› Mäusebussard

Vögel im Flug

Vögel zeigen im Flug oft charakteristische Bewegungen oder ein typisches Flugbild. So sind z. B. viele Finken, aber auch der Buntspecht an ihrem wellenförmigen Flug zu erkennen, bei dem eine Reihe schneller Flügelschläge jeweils mit einem kurzen Gleitflug abwechselt. Andere Vögel fliegen schnurgerade oder eher gaukelnd, wendig oder schwerfällig, mit flachen oder weit ausholenden Flügelschlägen.

Beobachtungsfeld Himmel

Vor allem Greifvögel sieht man häufig hoch oben am Himmel, wenn sie im Aufwind segelnd ihre Kreise ziehen. Gefiedermerkmale sind aus dieser Distanz oft nicht mehr zu erkennen, doch lassen sich die Vögel weitgehend an ihren speziellen Flugsilhouetten auseinander halten.

› Rotmilan

› Steinadler (Jungvogel)

› Weißstorch

› Turmfalke

› Höckerschwan

› Sumpfohreule

› Graureiher

Der Schnabel – Werkzeug und Besteck

Der Vogelschnabel, ein hartes, zweiteiliges Gebilde aus Horn, ist ein ausgesprochenes Allround-Werkzeug: Er dient zum Suchen, Festhalten und gegebenenfalls Zerteilen der Nahrung, als Transportmittel für Nistmaterial, als Präzisionswerkzeug zum Verflechten der Nestzweige, als Hilfsmittel zur Gefiederpflege und bei Bedarf auch als wirksame Verteidigungswaffe.
Entsprechend den vielfältigen Lebensbedingungen der Vögel sind die Schnäbel der verschiedenen Arten höchst unterschiedlich ausgebildet. So verraten Form und Größe des Schnabels nicht nur etwas über die Verwandtschaftsgruppen der Vögel, sondern geben auch Hinweise auf ihre speziellen Ernährungsgewohnheiten.

Schnäbel nach Maß

Vögel fressen sehr unterschiedliche Dinge, und nicht jeder Schnabel ist für jede Art von Nahrung bzw. deren Beschaffung geeignet. Wer Fressbares aus dem weichen Gewässerschlick holen will, braucht dazu einen langen Schnabel. Wer eine erbeutete Maus in mundgerechte Häppchen reißen will, kann mit einem Entenschnabel nichts anfangen. Und wer sich die Kerne hartschaliger Samen schmecken lassen will, braucht zum Knacken der Schalen ein entsprechend kräftiges Werkzeug.

LANGER SCHNABEL

Viele Watvögel wie der abgebildete Austernfischer, aber auch Reiher, Störche oder Schnepfen tragen einen im Verhältnis zu ihrem Kopf sehr langen, dünnen Schnabel. Er ermöglicht es ihnen, im flachen Wasser oder im Schlick nach Würmern, Schnecken und Krebsen zu stochern.

MITTELLANGER, KRAFTVOLLER SCHNABEL

Ein mittellanger Schnabel ist gleichermaßen einsetzbar, um Beutetiere zu töten wie um harte pflanzliche Kost zu zerkleinern. Möwen zerlegen Fische damit, Krähen Aas oder Feldfrüchte, der Eichelhäher (Bild) öffnet Eicheln, Spechte meißeln gar Baumstämme auf.

KURZER, SCHLANKER SCHNABEL

Ein feiner, pinzettenartiger Schnabel, wie ihn z. B. die Meisen oder Grasmücken (im Bild eine Gartengrasmücke) haben, eignet sich hervorragend dazu, Insekten oder deren Larven von den Zweigen abzulesen oder aus Ritzen zu ziehen. Auch für weiche Beerennahrung ist er ideal.

KURZER, KRÄFTIGER SCHNABEL

Um die hartschaligen Samen der Pflanzen aufzuknacken oder sie zwischen den Schnabelhälften zu zerreiben, bedarf es eines dicken, besonders kraftvollen Schnabels, wie ihn z. B. die Sperlinge und Finken (im Bild ein Bergfink) aufweisen. Kernbeißer etwa vermögen sogar die Steinkerne von Kirschen und Pflaumen zu knacken.

HAKENSCHNABEL

Greifvögel und Eulen (im Bild eine junge Waldohreule) haben einen scharfen, hakenförmig gekrümmten Oberschnabel, der sich bestens dafür eignet, erbeutete Tiere zu ergreifen, festzuhalten und in kleine, schnabelgerechte Stücke zu zerteilen, um sie verzehren zu können.

ENTEN- UND GÄNSESCHNABEL

Die breiten Schnäbel sind am Rand mit zwei Reihen feiner Hornlamellen besetzt. Bei den Enten bilden diese eine Art von Sieb, mit dem Nahrungsteilchen aus dem Wasser gefiltert werden. Bei den Gänsen (im Bild die Saatgans) erleichtern sie das Abweiden von Gras.

› Die Goldammer singt ihr Lied auch noch in der Mittagshitze.

Ein vielstimmiger Chor

Vielfach sind die Lautäußerungen der Vögel so charakteristisch, dass man allein daran erkennt, welche Art man vor sich hat. Man denke nur an den Kuckuck, den bereits jedes Kind an der Stimme erkennt. Doch auch für Vogelkenner kann die Stimme ein wichtiges Bestimmungsmerkmal sein. So sehen sich z. B. Weiden- und Sumpfmeise, aber auch Fitis und Zilpzalp derartig ähnlich, dass sie in der Natur oft nur sicher zu unterscheiden sind, wenn sie singen.

Ein Lied wie eine Fahne

Vor allem im Frühjahr geht es in der Natur sehr vielstimmig zu: Die Singvögel schmettern ihre Lieder. Auch wenn dies gern als Ausdruck reinster Lebensfreude interpretiert wird, haben die Gesänge doch eine ernste Funktion. Sie zeigen den Artgenossen

Nachtigall	Sumpfrohrsänger	Gartenrotschwanz	Rotkehlchen
nachts		4.00 Uhr	4.30 Uhr

an, wo ein Revier besetzt ist, wie Fahnen, die einst auf Ritterburgen wehten. Der Revierbesitzer warnt mit seinem Gesang jeden Rivalen, sich über die Grenzen vorzuwagen, zugleich teilt er den Weibchen mit, dass hier ein Partner noch zu haben ist. Zu guter Letzt bringen die Gesänge die beiden Partner erst so richtig in Balz- und Paarungsstimmung.

Je höher, desto besser

Wie eine Fahne umso weiter zu sehen ist, je freier und je höher sie hängt, so sind auch die akustischen Liederfahnen umso weiter vernehmbar, je höher der Sänger sich über die Umgebung erhebt. Daher tragen viele Singvögel ihr Lied vorzugsweise von Baumwipfeln, Masten, Hausgiebeln oder anderen hohen Warten aus vor. Anderen ist dies noch nicht hoch genug, und sie lassen ihre Stimme bei einem Singflug ertönen.

Nicht nur Singvögel singen

Singvögel, zu denen fast die Hälfte aller Vogelarten zählt, sind jedoch keineswegs allesamt begnadete Sänger. Aufgrund bestimmter anatomischer Merkmale, etwa des Baus von Kehlkopf und Fuß, sowie wegen Gemeinsamkeiten in der Lebensweise stellen die Zoologen z. B. auch die Krähen in die Gruppe der Singvögel.
Es kommt hier also nicht nur darauf an, wessen Lied wir als Wohlklang empfinden.
Umgekehrt »singen« auch Vögel, die nicht zu den Singvögeln gerechnet werden. Seiner Funktion nach ist das »Lachen« des Grünspechts oder das dumpfe »uorr uorr« der Waldschnepfe nichts anderes als Vogelgesang.

› Der Star – ein Star unter den Vogelsängern

Buchfink	Zaunkönig	Blaumeise	Goldammer
5.00 Uhr	5.30 Uhr	6.00 Uhr	mittags

Das Zugverhalten der Vögel

Ihre Fähigkeit zu fliegen hat es den Vögeln ermöglicht, auch nördliche Gebiete zu besiedeln, in denen sie nicht das ganze Jahr über ausreichend Nahrung finden. Über die kalte, nahrungsarme Jahreszeit können sie in klimatisch günstigere Regionen ausweichen. Wann und wie weit sie ziehen, hängt bei vielen Arten von den aktuellen Witterungs- bzw. Nahrungsbedingungen ab und kann daher von Jahr zu Jahr schwanken. Vor allem bei den Langstreckenziehern, etwa den Störchen, sorgt dagegen ein angeborenes inneres Programm dafür, dass sie zu einer bestimmten Zeit des Jahres auf bestimmten Routen zu immer denselben Winterquartieren fliegen.

Verschiedene Arten zu reisen

Manche Zugvögel machen sich einzeln oder in kleinen Trupps auf den Weg, andere fliegen in einem großen Schwarm. Gänse nehmen typischerweise eine Ketten- oder Keilformation ein. Einige Arten, z. B. die Seeschwalben, absolvieren Tausende von Kilometern fast ohne Rast, andere ziehen immer nur kürzere Strecken und kommen entsprechend langsam voran. Um drohende Gefahren durch Feinde zu mindern, nutzen viele die Stunden der Nacht für ihre Reise und rasten bei Tag, so etwa die Rotdrossel.

Haussperling

Der Jahresvogel

Als Jahresvogel bezeichnet man eine Vogelart, die das ganze Jahr über in ihrem Brutgebiet zu beobachten ist. Manche Arten, z. B. der Kleiber, bleiben dabei stets in ihrem eigenen Brutrevier, andere, z. B. die Tannenmeise, streifen mehr oder weniger weit umher.

Amsel

Der Teilzieher

Teilzieher nennt man Vögel, von denen ein Teil im Herbst wegzieht, ein anderer Teil ganzjährig im Brutgebiet bleibt. Oft handelt es sich bei den im Winter hierzulande beobachteten Vögeln um Tiere aus nördlicheren Brutgebieten, die bei uns überwintern.

Gartenrotschwanz

DER ZUGVOGEL

Zugvögel brüten zwar bei uns, weichen über die Wintermonate aber in wärmere Regionen aus. Kurzstreckenzieher begnügen sich damit, in die Mittelmeerländer oder nach Westeuropa zu ziehen, Langstreckenzieher fliegen hingegen meist bis ins tropische Afrika.

Bergfink

DER WINTERGAST

Als Wintergäste bezeichnet man Vogelarten, die in nördlicheren oder nordöstlicheren Regionen brüten und zum Überwintern zu uns kommen. Solche, die ihre Winterquartiere noch weiter südlich haben, erscheinen hierzulande nur zu den Zugzeiten als Durchzügler.

Marathonflieger

Vor allem die Langstreckenzieher unter den Zugvögeln erbringen erstaunliche körperliche Leistungen. So fliegt z. B. der Schilfrohrsänger von seinem mitteleuropäischen Brutgebiet in 3 bis 4 Tagen ohne Pause rund 4300 km weit ins tropische Westafrika. Auch die Gartengrasmücken überqueren auf ihrem Zug nach Süden das Mittelmeer und die Sahara im Non-Stop-Flug. Für diese Daueranstrengung fressen sie sich vorher ein Fettpolster an, das bis zu 30 Prozent des normalen Körpergewichts ausmacht.

Ein Zubrot für die Daheimgebliebenen?

Für die bei uns überwinternden Vögel stellt die Kälteperiode eine harte Zeit dar. Viele Vogelfreunde versuchen ihnen durch Aufstellen von Futterhäuschen zu helfen, die raue Jahreszeit gut zu überstehen. Unter Vogelschützern ist der Sinn von Winterfütterungen allerdings umstritten. Zweifellos geben Futterstellen Gelegenheit zu schönen Naturerfahrungen, einen Beitrag zum Artenschutz leisten sie hingegen kaum. Es werden nur die ohnehin häufigsten Arten gefördert. Um den Vögeln keinen Schaden zuzufügen, etwa durch eine Ausbreitung von Infektionskrankheiten über den Kot, müssen die Futterstellen unbedingt regelmäßig gesäubert werden. Und außerhalb des Winters sollte niemals gefüttert werden.

› Die Auerhahnbalz ist ein optisches und akustisches Spektakel.

Balzverhalten und Nestbau

Bei der Balz versuchen die Vogelmännchen zunächst, die Weibchen mit den verschiedensten Mitteln auf sich aufmerksam zu machen. Je nach Art kann dies z. B. mit auffälligen Schauflügen wie beim Kiebitz oder mit einer Demonstration der eigenen Größe und Schönheit wie beim Auerhahn geschehen.

Jedem sein Nest

Haben die Brutpaare zusammengefunden, dienen ihnen oft streng ritualisierte Bewegungen, die von beiden Partnern ausgeführt werden und häufig an eine Art Tanz erinnern, zur Festigung der Paarbindung.
Wo, woraus und in welcher Form das Nest gebaut wird, ist von Vogelart zu Vogelart verschieden. Nebenstehende Fotos zeigen nur eine kleine Auswahl verschiedener Nesttypen.

Vogelschutz statt Neugierde

Als Vogelfreund sollte man sich nicht nur in ausgewiesenen Vogelschutzgebieten, sondern auch überall sonst von brütenden Vögeln fern halten und jede Störung am Nest vermeiden.

› »Backofennest« des Zilpzalps

› Schilfnest des Zwergtauchers

› Moos- und Laubnest des Zaunkönigs

› Fischadlerhorst

› Hängenest des Sumpfrohrsängers

Die sperrenden Nestlinge der Goldammer signalisieren Hunger.

Nachwuchs im Vogelnest

Die Anzahl Eier, die ein Vogelweibchen pro Brut legt, hängt ganz von der jeweiligen Art ab: Es können regelmäßig nur 1–2 Eier sein wie bei vielen großen Greifvögeln oder aber 10–20 wie z. B. beim Rebhuhn.
Häufig genügt schon ein Blick auf die Eier, um festzustellen, von welcher Vogelart das Gelege stammt. Größe und Form, Farbe und Musterung der Eier sind nämlich von Art zu Art verschieden. Die Fotos ganz rechts können nur einen kleinen Eindruck von der Vielfalt der Vogeleier vermitteln.

Nesthocker

Vogeljunge lassen sich in zwei Kategorien einteilen: Nesthocker schlüpfen sehr unfertig aus dem Ei. Sie sind zunächst noch nackt und blind, nur ihr Verdauungstrakt funktioniert perfekt. Sobald sie eine Erschütterung des Nests spüren, sperren die Nestlinge: Sie

Ein verwaister Jungvogel?

Bei vielen Vögeln verlassen die Jungen das Nest, noch bevor sie fliegen können. Sie sitzen dann im Geäst oder am Boden und werden dort von den Eltern weitergefüttert. Wer einen solchen Piepmatz entdeckt, sollte das »Findelkind« nicht mit nach Hause nehmen! In aller Regel ist es keineswegs verwaist. Jungvögel großzuziehen erfordert viel Erfahrung und gelingt Laien selten. In der Natur hat das Vogelkind weit größere Überlebenschancen.

recken den weit aufgerissenen Schnabel empor und warten darauf, dass Futter hineingestopft wird. Solange ihr Federkleid noch nicht ausgebildet ist, müssen die Kleinen von einem Altvogel unter den Flügeln oder im Bauchgefieder gewärmt werden. Man sagt, sie werden gehudert.
Typische Nesthocker sind z. B. Tauben, Greifvögel, Eulen, Spechte und Singvögel.

Nestflüchter

Nestflüchter hingegen sind beim Schlüpfen bereits so weit entwickelt, dass sie das Nest nach einigen Stunden oder höchstens Tagen verlassen, um unter der Obhut eines oder beider Elternvögel mehr oder weniger selbstständig nach Nahrung zu suchen.
Typische Nestflüchter sind z. B. Enten und Gänse, Hühner, Seeschwalben und die Watvögel.

› Junge Singdrossel

› Gelege des Gelbspötters

› Gelege der Singdrossel

› Gelege der Stockente

› Gelege der Amsel

› Gelege des Sperbers

Vögel bestimmen

Sommergoldhähnchen

Regulus ignicapillus

AUSSEHEN: Nur 9 cm misst der kleine, rundliche Singvogel von der Schnabel- bis zur Schwanzspitze. Auffällig ist ein beim Weibchen gelber ③, beim Männchen mehr oder weniger orangefarbener ①, schwarz eingefasster Scheitelstreif. Durch das Auge zieht sich ein schwarzer Augenstreif, noch betont durch einen weißen Überaugenstreif ④

STIMME: Hohe »sisisi«-Rufe; Gesangsstrophen ein hohes, schnelles »sisisisisisisisitt«.

VORKOMMEN: Verbreiteter Brutvogel in Nadel- und Mischwäldern, ebenso in Friedhöfen, Parks und Gärten; Zugvogel, überwintert im Mittelmeerraum.

NAHRUNG: Kleine Insekten und Spinnen.

BRUT: Nest ein tiefer, dickwandiger Napf ②, in einer kleinen Astgabel oder zwischen nahe beieinander stehenden Ästchen hängend; 2 Bruten im Jahr mit jeweils 7–12 fein braun gepunkteten Eiern.

TYPISCH

Nicht selten sieht man das Sommergoldhähnchen im Rüttelflug vor Zweigspitzen in der Luft »stehen«, wenn es die Zweigoberseiten nach Insekten absucht.

Wintergoldhähnchen

Regulus regulus

AUSSEHEN: In Größe und Gestalt wie das Sommergoldhähnchen, Gefieder aber insgesamt weniger farbkräftig; Scheitelstreif beim Weibchen gelb-schwarz ④, beim Männchen meist mit einigen orangefarbenen Federn ①, bei Jungvögeln ② noch fehlend.

STIMME: Hohe, dünne »sisisi«-Rufe; Reviergesang wispernd, aus sehr hohen, auf- und abschwingenden Strophen.

VORKOMMEN: Verbreiteter und häufiger Brutvogel, vorzugsweise in Fichtenwäldern, auch in Friedhöfen, Parks und großen Gärten mit Nadelbäumen. Bei uns brütende Vögel bleiben ganzjährig im Brutgebiet, über den Winter bekommen sie noch Zuzug von Artgenossen aus Skandinavien.

NAHRUNG: Winzige Insekten und Spinnen.

BRUT: Nest ein tiefer Napf, in einer Astgabel oder zwischen zwei Zweigen eines Nadelbaums aufgehängt, vom Weibchen allein gebaut; 2 Bruten im Jahr mit jeweils 8–10 fein bräunlich gepunkteten Eiern.

TYPISCH

Dem Wintergoldhähnchen fehlen der schwarze Augenstreif und der weiße Überaugenstreif des Sommergoldhähnchens ③.

1

2

3

4

1

2

3

4

Zaunkönig

Troglodytes troglodytes

AUSSEHEN: Nur knapp 10 cm misst der Zaunkönig von der Schnabel- bis zur Schwanzspitze. An Flügeln und Flanken weist sein braunes Gefieder eine feine Bänderung auf ③, die Kehle ist weißlich ④, am Kopf fällt ein dünner, weißer Überaugenstreif auf ②. Den kurzen Schwanz trägt er meist steil aufgestellt ①.

STIMME: Bei Erregung ein schnurrendes »zerrrr« oder hartes »teck teck teck …«; Gesang schmetternd, mit eingemischten Trillern, auch mitten im Winter zu vernehmen.

VORKOMMEN: In unterholzreichen Nadel-, Misch- und Auwäldern ebenso wie in Parks und Gärten mit dichtem Buschwerk; bleibt in der Mehrzahl ganzjährig bei uns, im Winter zusätzlich Zuzügler aus nordöstlichen Brutgebieten.

NAHRUNG: Kleininsekten und deren Larven, Spinnen, kleine Würmer.

BRUT: 2 Bruten im Jahr mit 5–7 rötlich gesprenkelten Eiern; Nest S. 21.

TYPISCH

Meist sucht der kleine Vogel in Bodennähe nach Nahrung, wobei er oft fast wie eine Maus durchs Gestrüpp huscht. Bei Erregung knickst er auffällig.

Heckenbraunelle

Prunella modularis

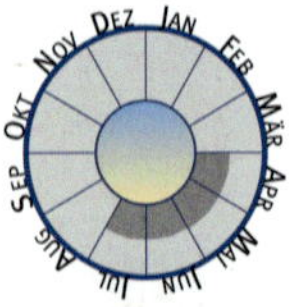

AUSSEHEN: Gut 14 cm groß, einem Haussperling (S. 58) ähnlich, aber schlanker und mit dünnerem Schnabel ①; Brust und Kopf bleigrau, nur Scheitel und Wangen braun ②; Jungvögel ③ mit weißlicher Kehle.

STIMME: Hohe, etwas heisere »zieh«- oder »didi«-Rufe; Gesang hell zwitschernd, leicht auf- und absteigend, ein wenig an eine quietschende Tür erinnernd, bereits ab März.

VORKOMMEN: In unterholzreichem Misch- und Nadelwald, aber auch in gestrüppreichen Parks und Gärten.

NAHRUNG: Insekten; im Herbst und Winter auch Sämereien und Beeren.

BRUT: Das napfförmige Nest aus Halmen und viel Moos wird in dichtem Gestrüpp oder in Fichtenschonungen angelegt, oft knapp über dem Boden. 2 Bruten im Jahr mit jeweils 4–5 türkisfarbenen Eiern.

ÄHNLICHE ART: Die etwas größere Alpenbraunelle *(Prunella collaris)* ④ kommt fast nur in Höhenlagen zwischen 1500 und 2300 m vor. Sie hat rotbraun gefleckte Flanken und einen rein grauen Kopf.

TYPISCH

Die Heckenbraunelle hüpft am Boden in einer geduckten Haltung. Ihr meist niedriger Flug wirkt huschend.

1

2

3

4

1

2

3

4

Baumpieper

Anthus trivialis

Aussehen: Der schlanke, etwa 15 cm große Singvogel ist unauffällig braun gesprenkelt ①. Seine rahmweiße bis gelblich braune Unterseite ist auf der Brust dunkel gestrichelt ②.
Stimme: Ruf ein hohes, heiseres »psieh« oder, warnend, »zipp zipp«; Gesang melodisch, an einen Kanarienvogel erinnernd.
Vorkommen: In offenem Gelände mit einzelnen Baumgruppen sowie an Waldrändern und Lichtungen; überwintert in Afrika.
Nahrung: Vorwiegend Insekten, auch Spinnen und andere Kleintiere.
Brut: Nest am Boden, meist unter hohem Gras; gewöhnlich 2 Bruten im Jahr mit 4–6 Eiern, die sehr variabel gefärbt, aber immer dicht gefleckt sind.
Ähnliche Art: Der Bergpieper *(Anthus spinoletta)* ④, der im Gebirge oberhalb der Baumgrenze brütet, ist mehr grau getönt.

Typisch

Bei seinen Singflügen flattert der Baumpieper von einer hohen Sitzwarte aus steil empor und lässt sich dann mit ausgebreiteten Flügeln und aufgestelltem Schwanz singend wieder herabgleiten ③.

Wiesenpieper

Anthus pratensis

Aussehen: Etwas kleiner als der Baumpieper, mit einer mehr grau- bis olivbraunen Oberseite ①, Brust gestrichelt; im Herbst nach der Mauser Unterseite ockerbraun ②; Jungvögel ③ noch kaum gestrichelt.
Stimme: Im Auffliegen und im Flug oft ein feines, helles »ist-ist«; Gesang aus eintönigen Strophen hoher, dünner Tonreihen, meist im Flug, selten auch von Bäumen aus ④.
Vorkommen: Auf feuchten Wiesen und Weiden, in Mooren und Heiden; im Norddeutschen Tiefland ein verbreiteter und häufiger Brutvogel, weiter im Süden gebietsweise selten. Ein Teil der Vögel überwintert im Mittelmeerraum, andere, vor allem Zuzügler aus nordöstlichen Brutgebieten, verbringen den Winter bei uns.
Nahrung: Fast nur Insekten und Spinnen, vom Boden aufgelesen.
Brut: Nest am Boden, gut in der Vegetation verborgen; 1–2 Bruten im Jahr mit 4–6 Eiern, die sehr dicht grau oder rotbraun gefleckt sind.

Typisch

Der Wiesenpieper startet seine Singflüge meist vom Boden aus und kehrt am Ende seines Lieds nicht mehr zum Ausgangspunkt zurück.

1

2

3

4

1

2

3

4

Zilpzalp | Weidenlaubsänger

Phylloscopus collybita

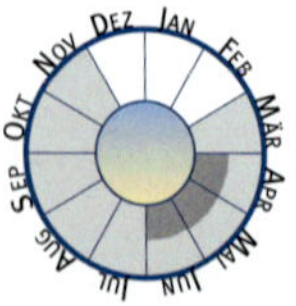

AUSSEHEN: Das olivbraune, unterseits hellere Gefieder des etwa 11 cm großen Singvogels ist unscheinbar ①, ein gelblicher Überaugenstreif ④ kann mehr oder weniger deutlich ausgeprägt sein. Die Beine haben meist eine schwärzliche Farbe ③.

STIMME: Als Ruf ein einsilbiges »huit«; Gesang recht monoton, aus langen, stammelnden Strophen wie »zilp-zalp-zelp-zilp-…«, dazwischen oft ein gedämpftes »trrr trrr«.

VORKOMMEN: In lichten Laub- und Mischwäldern, Flussauen und Feldgehölzen, auch in Gärten und Parks; überwintert im Mittelmeerraum.

NAHRUNG: Kleine Insekten, Spinnen, auch Beeren.

BRUT: Nest mit seitlichem Eingang (S. 21), in der bodennahen Vegetation versteckt; 1–2 Bruten im Jahr mit 5–6 bräunlich gepunkteten Eiern.

ÄHNLICHE ART: Der Berglaubsänger *(Phylloscopus bonelli)* ②, der in den Bergwäldern der Alpen brütet, hat etwas mehr Gelb im Gefieder.

TYPISCH

Sicher lässt sich der Zilpzalp im Freien oft nur an seinem charakteristischen Gesang vom Fitis unterscheiden.

Fitis | Fitislaubsänger

Phylloscopus trochilus

AUSSEHEN: Der Fitis sieht dem Zilpzalp überaus ähnlich, oft ist sein Gefieder jedoch etwas gelblicher ①. Der gelbe Überaugenstreif fällt bei ihm meist prägnanter aus, die Beine sind hell fleischfarben ②. Jungvögel ③ haben oft eine deutlich gelbe Unterseite.

STIMME: Der etwas schwermütig und schmachtend klingende Gesang besteht aus einer abfallenden Reihe weicher Flötentöne.

VORKOMMEN: In lichten Wäldern aller Art, Hochmooren, Flussauen, Gärten und Parkanlagen, vorzugsweise mit Birken- oder Weidenbeständen; überwintert im tropischen Afrika.

NAHRUNG: Kleine Insekten, Spinnen und andere Kleintiere, die der Vogel im Gezweig umherkletternd aufliest; im Herbst auch Beeren.

BRUT: Nest ein überdachter Bau mit seitlichem Eingang, in niedriger Vegetation versteckt; 1–2 Bruten im Jahr mit 4–7 rot gesprenkelten Eiern.

ÄHNLICHE ART: Der Waldlaubsänger *(Phylloscopus sibilatrix)* ④, ein Bewohner des Buchenwalds, ist im Kehlbereich kräftig schwefelgelb.

TYPISCH

Der Ruf des Fitis klingt ähnlich dem des Zilpzalps, ist jedoch deutlich zweisilbig, also wie »hü-id«.

1

2

3

4

1

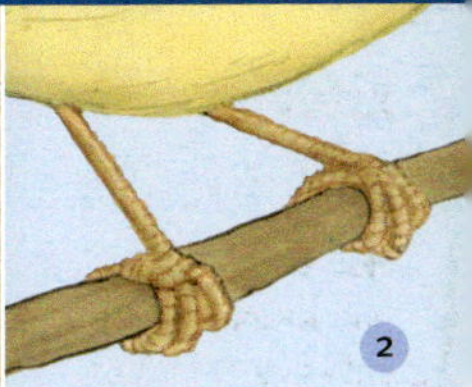
2

3

4

Sumpfrohrsänger

Acrocephalus palustris

AUSSEHEN: Die braune Oberseite des gut 12 cm großen, schlanken Singvogels weist häufig einen olivfarbenen Ton auf ①, der Bürzel ist blass rotbraun ②, das Gesicht ziert ein schmaler, beiger Überaugenstreif ③.
STIMME: Ruft bei Störungen hart »wäd« oder »tak«; Gesang wohltönend, überaus abwechslungsreich, fast nur aus Nachahmungen anderer Vogelstimmen bestehend.
VORKOMMEN: Im Tiefland verbreitet und stellenweise recht häufig, wenngleich schwer zu beobachten; lebt in Pflanzendickichten, z. B. in Weidengebüsch oder Brennnesselbeständen, oft, aber nicht immer in Feuchtgebieten; fliegt zum Überwintern ins tropische Afrika.
NAHRUNG: Kleine Insekten.
BRUT: Tiefes Napfnest, zwischen eng stehenden Pflanzenstängeln aufgehängt ④; eine Brut im Jahr mit 4–5 olivgrün gefleckten Eiern.

TYPISCH

Der unermüdliche Sänger trägt sein breites Liedrepertoire meist aus einer dichten Deckung heraus vor, und dies selbst noch zur Nachtzeit.

Teichrohrsänger

Acrocephalus scirpaceus

AUSSEHEN: Der Teichrohrsänger sieht dem Schilfrohrsänger überaus ähnlich, ist oberseits aber eher rötlich braun gefärbt und hat einen kräftig rostroten Bürzel ②.
STIMME: Ruft kurz und unauffällig »tschk« oder »dsche«, bei einer Störung knarrend »wäd«; Gesang anhaltend, etwas hastig und eintönig, mit rhythmischen Motiven wie »tiri-tiri-tiri-schirk-schirk-schirk-zerr-zerr«.
VORKOMMEN: Im Tiefland weit verbreitet; brütet ausschließlich in Schilfbeständen, nur auf dem Durchzug auch in wasserfernen Gebüschen zu finden; überwintert im tropischen Afrika.
NAHRUNG: Kleine Insekten.
BRUT: Tiefes, stabiles Napfnest, zwischen Schilfstängeln aufgehängt ①; 3–5 blass grünliche Eier, die dicht dunkel graugrün gefleckt sind.
ÄHNLICHE ART: Auch der Schilfrohrsänger *(Acrocephalus schoenobaenus)* ④ ist ein Bewohner von Röhrichtgebieten. Er weist einen auffallenden weißen Überaugenstreif auf ③.

TYPISCH

Oft sieht man den Teichrohrsänger so dicht über das Schilf hinwegfliegen, dass er die Halme fast streift.

1

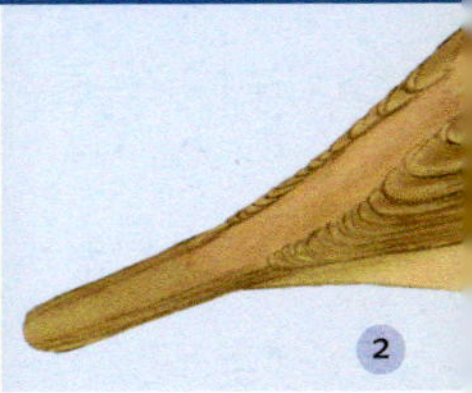
2

3

4

1

2

3

4

Gelbspötter

Hippolais icterina

AUSSEHEN: Die Oberseite des überaus schlanken, etwa 13 cm großen Singvogels zeigt einen olivgrauen Farbton, die Unterseite ist mehr oder weniger deutlich gelblich gefärbt ②. Die Beine sind grau bis schwarz, der Schwanz endet gerade abgeschnitten ③.

STIMME: Bei Gefahr ein schmatzendes »tz tz tz«, ansonsten ein dreisilbiges »dederoid« oder ein viersilbiges »dje-dje-dje-lü«; Gesang laut und sehr abwechslungsreich, vielfach mit Imitationen anderer Vogelstimmen – daher der Name »Spötter«.

TYPISCH

Zur Paarungszeit singt der Gelbspötter nahezu den ganzen Tag, wobei er ruhelos durchs Gezweig hüpft ④.

VORKOMMEN: Weit verbreiteter Brutvogel des Tieflands, in lichten Laub- und Auwäldern, in Gärten und Parks; überwintert im tropischen Afrika.

NAHRUNG: Insekten und deren Larven, Spinnen und andere Kleintiere; im Herbst zusätzlich auch Beeren.

BRUT: Nest tief napfförmig, meist in einer Astgabel verankert ①; 4 – 6 Eier in kräftigem Rosa mit spärlichen schwarzen Flecken (S. 23).

Braunkehlchen

Saxicola rubetra

AUSSEHEN: Etwa 12,5 cm groß; Männchen im Prachtkleid (①, links im Bild) mit orangebrauner Kehle und Brust, Kopf und Oberseite schwarzbraun, im herbstlichen Schlichtkleid ③ kaum noch vom Weibchen (①, rechts im Bild) zu unterscheiden; kurzer Schwanz und braun gefleckter Bürzel ②.

STIMME: Bei Störungen ein hartes »tk tk« im Wechsel mit einem weichen »djü«; Gesang aus kurzen, sehr abwechslungsreichen Strophen mit kratzenden und flötenden Tönen.

TYPISCH

Braunkehlchen beiderlei Geschlechts haben immer einen breiten weißen Überaugenstreif, der den Schwarzkehlchen fehlt.

VORKOMMEN: In Wiesen, Mooren und Feuchtgebieten, bei uns als Brutvogel recht selten; überwintert in Südwesteuropa oder in Nordafrika.

NAHRUNG: Kleine Insekten und deren Larven sowie Spinnen.

BRUT: Nest am Boden, gut versteckt im hohen Gras; 5 – 6 türkisfarbene Eier.

ÄHNLICHE ART: Beim noch selteneren Schwarzkehlchen *(Saxicola torquata)* ④ hat das Männchen (Bild) eine schwarze Kehle, das Weibchen sieht dem des Braunkehlchens sehr ähnlich.

1

2

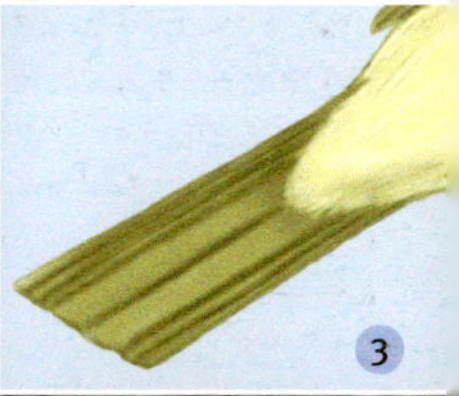
3

4

1

2

3

4

Blaukehlchen

Luscinia svecica

AUSSEHEN: Etwa 14 cm groß; Männchen im Prachtkleid ① mit leuchtend blauer Kehle mit weißem »Stern«, nordeuropäische Vögel mit rotem Fleck im blauen Latz ④, im Schlichtkleid nur mit schmalem blauem Brustband; Weibchen ③ ganzjährig mit weißlichem, schwarz begrenztem Latz.
STIMME: Ruft hart »tack« oder pfeifend »hüit«; Gesang zirpend und schnurrend, mit Pfeiftönen und Imitationen anderer Vogelstimmen durchmischt.

TYPISCH
Das Blaukehlchen stelzt seinen Schwanz oft ruckartig. Dann ist ebenso wie im Flug ② die rostrote Schwanzbasis zu erkennen.

VORKOMMEN: Bei uns als Brutvogel nur in den Alpen und an wenigen Stellen im Tiefland; in Feuchtgebieten und an schilfbestandenen Ufern; Winterquartier im Mittelmeerraum und im nördlichen Afrika.
NAHRUNG: Hauptsächlich Insekten und Spinnen.
BRUT: Nest in dichter Vegetation nahe über dem Boden; 5–7 Eier, deren Farbe von Graugrün bis Rostfarben stark variiert.

Rotkehlchen

Erithacus rubecula

AUSSEHEN: Etwa 14 cm groß, graubraun ①, vor allem bei Kälte sehr rundlich wirkend ③; mit rotem Kehllatz, der auch das Gesicht mit einschließt ②; Jungvögel mit braunem, stark geflecktem Federkleid ohne Rot ④.
STIMME: Ruft scharf »zick«, bei Gefahr zu einem schnellen Schnickern wie »zickickick …« gesteigert; Reviergesang aus hellen, herabperlenden Tönen und Trillern, meist in der Deckung von Büschen und Bäumen vorgetragen, oft bis in die späte Dämmerung.

TYPISCH
Rotkehlchen kann man oft bei ihrer Nahrungssuche am Boden beobachten. Dabei knicksen sie häufig und stelzen den Schwanz.

VORKOMMEN: In unterholzreichen Wäldern und Feldgehölzen, in Parks und Gärten, selbst mitten in Großstädten. Vor allem in Siedlungsgebieten, wo Futterstellen angeboten werden, bleiben viele Rotkehlchen den Winter über im Lande, andere überwintern im Mittelmeerraum.
NAHRUNG: Insekten, Spinnen, Würmer; im Herbst und Winter auch Beeren.
BRUT: Napfförmiges Nest aus Halmen, Blättern und Moos in bodennahen Verstecken; meist 2 Bruten im Jahr mit 5–7 variabel gefleckten Eiern.

1

2

3

4

1

2

3

4

Hausrotschwanz

Phoenicurus ochruros

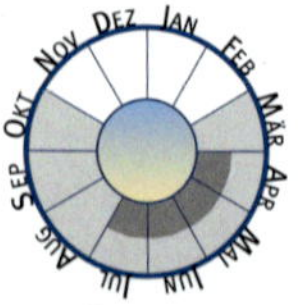

Aussehen: Etwa 14 cm groß; beide Geschlechter mit rostrotem Schwanz und Bürzel; Männchen ① ansonsten aschgrau und schwarz, mit auffälligem weißem Flügelfleck ②, Weibchen ③ schlicht dunkel graubraun.
Stimme: Ruft hart und schnell »huid-teck-teck« oder tonlos »teckteckteck«; Gesang aus kurzen, kratzenden Strophen, die mit hellem Pfeifen beginnen und enden; wird bereits in der frühen Morgendämmerung von einer hohen Warte, z. B. Antenne aus vorgetragen.
Vorkommen: Ursprünglich ein Felsbewohner des Hochgebirges, als Kulturfolger heute in Städten und Dörfern auch im Tiefland verbreitet; Kurzstreckenzieher.
Nahrung: Insekten und deren Larven, Spinnen, aber auch Beeren.
Brut: Unordentlich wirkendes Nest in Felsspalten oder in Mauer- und Dachnischen; meist 2 Bruten im Jahr mit jeweils 5–6 weißen Eiern.

Typisch

Ein junger Hausrotschwanz ④ lässt sich an seinem ungefleckten Federkleid vom gefleckten jungen Gartenrotschwanz unterscheiden. Einen roten Schwanz zeigen beide.

Gartenrotschwanz

Phoenicurus phoenicurus

Aussehen: Etwa 14 cm groß, schlank und hochbeinig; Männchen ① am Rücken schiefergrau, am Oberkopf weißlich ③, nicht nur an Bürzel und Schwanz, sondern auch an der Brust kräftig rostrot, Flugbild bunt wirkend ②; Weibchen ④ oberseits braun, unterseits beige, mit rostrotem Schwanz und Bürzel.
Stimme: Bei Störungen hartes »huid-teck-teck«; Gesangsstrophen mit einem hohen Pfeifton beginnend, danach einige schnelle melodische und raue Töne; werden in oder schon vor der Morgendämmerung von hohen Warten aus vorgetragen.
Vorkommen: In lichten Wäldern mit altem Baumbestand, bäuerlichen Obstgärten sowie städtischen Parks und Gärten weit verbreitet, doch regional selten geworden; fliegt zum Überwintern bis nach Zentralafrika.
Nahrung: Insekten, Spinnen, auch Beeren.
Brut: Nest in Baumhöhlen oder Mauernischen, auch gern in Nistkästen; meist 2 Bruten im Jahr mit jeweils 5–6 blass türkisfarbenen Eiern.

Typisch

Ein sitzender Gartenrotschwanz zeigt ebenso wie der Hausrotschwanz ein häufiges Knicksen und schnelles Schwanzwippen.

1

2

3

4

1

2

3

4

Mönchsgrasmücke

Sylvia atricapilla

Aussehen: Der etwa 14 cm große, schlanke Singvogel trägt ein unscheinbar graubraunes Gefieder. Kennzeichnend für das Männchen ① ist eine schwarze Kopfkappe. Bei Weibchen ④ und Jungvögeln ② ist diese rotbraun.

Stimme: Bei Beunruhigung harte »täck täck«-Rufe, die bei stärkerer Erregung zu einem Zetern gesteigert werden; Gesang wohlklingend, mit schwätzend-zwitscherndem Vorgesang, dann vollen, klaren Flötentönen.

Vorkommen: In Wäldern mit reichlich Unterwuchs, ebenso in gebüschreichen Parks und Gärten häufig; Kurzstreckenzieher.

Typisch

Das Weibchen ähnelt der Dorngrasmücke (S. 44), die aber weiße Schwanzaußenkanten hat, während der Schwanz der Mönchsgrasmücke ③ kein Weiß enthält.

Nahrung: Insekten und deren Larven, Spinnen; im Herbst auch Beeren.

Brut: Das Nest, ein locker gefügtes, flaches Napfnest, wird im Gebüsch gebaut, meist in weniger als 1,50 m Höhe. Häufig 2 Bruten im Jahr mit jeweils 4–6 bräunlichen, dunkel gefleckten Eiern.

Gartengrasmücke

Sylvia borin

Aussehen: Der etwa 14 cm große, schlanke Singvogel hat eine einheitlich graubraune Oberseite ① ohne auffällige Zeichnung. Die Unterseite ist etwas heller ②.

Stimme: Ein heiseres »wäd-wäd-wäd«, bei Gefahr ein wiederholtes, hartes »tscheck«; Gesang laut und melodisch, aus lang anhaltenden, volltönenden Flötenstrophen.

Vorkommen: In unterholzreichen Wäldern, gebüschreichen Parks und verwilderten Gärten durchaus häufig; zieht zum Überwintern bis nach Zentral- oder Südafrika.

Typisch

Der unauffällige, sehr im Verborgenen lebende Vogel trägt auch sein Lied gewöhnlich aus der Deckung des dichten Laubwerks heraus vor.

Nahrung: Insekten und deren Larven, Spinnen; im Herbst auch Beeren.

Brut: Nest niedrig in dichtem Unterwuchs; 4–6 Eier, die auf der weißlichen Schale unregelmäßige hellbraune Flecken tragen.

Ähnliche Art: Die Sperbergrasmücke *(Sylvia nisoria)* ④ lebt vor allem an Waldrändern mit Dornengestrüpp. Sie zeichnet sich durch eine quer gebänderte Unterseite und leuchtend gelbe Augen aus ③.

1
2
3
4

1
2
3
4

Dorngrasmücke

Sylvia communis

Aussehen: Etwa 14 cm große, schlanke Grasmücke mit rostbraunen Flügeln ①, hellen Beinen ③ und weißen Schwanzaußenrändern ②; Männchen ① mit grauem Oberkopf und leichter Rosatönung auf der Brust, Weibchen und Jungvögel bräunlicher.

Stimme: Ruf ein nasales »woid-woid-…« oder ein schmatzendes »tze«; Gesang ein kurzes, raues Geplauder mit kratzenden und schleifenden Tönen, von einer erhöhten Warte aus ④, oft auch im Singflug vorgetragen.

Vorkommen: In offenen Landschaften mit Dornengestrüpp, auch an Straßen- und Bahnböschungen sowie in Parks und Gärten mit Dornensträuchern; überwintert im tropischen Afrika.

Nahrung: Insekten und deren Larven, Spinnen; im Herbst auch Beeren.

Brut: Nest meist niedrig in dornigem Gebüsch; gewöhnlich 2 Bruten im Jahr mit 4–5 hellgrauen, fein gepunkteten Eiern.

Typisch

Auf das Männchen wird man leicht aufmerksam, wenn es von einer erhöhten Warte aus steil nach oben zu einem kurzen Singflug startet.

Klappergrasmücke

Zaungrasmücke | *Sylvia curruca*

Aussehen: Der Dorngrasmücke recht ähnlich, aber oberseits grauer, unterseits ② etwas heller als diese und mit schwärzlichen Beinen ③. Ihre dunkelgrauen Wangen heben sich scharf von der weißen Kehle ab ①.

Stimme: Bei Beunruhigung ein scharfes, schmatzendes »tack« oder »tjäck«; Reviergesang anfänglich ein leises, raues Zwitschern, dem ein lautes, monotones, hölzern anmutendes Klappern folgt (Name!).

Vorkommen: In Gärten, Parks, Friedhöfen und Obstgärten, in Feldgehölzen und Fichtenschonungen, vom Tiefland bis hinauf zur Baumgrenze des Hochgebirges verbreitet. Zum Überwintern fliegt sie ins tropische Afrika.

Nahrung: Insekten und deren Larven, Spinnen; im Herbst auch Beeren.

Brut: Flaches, locker gefügtes Nest in Hecken und Gebüsch, häufig auch in jungen Nadelbäumen; normalerweise nur eine Brut im Jahr mit 4–6 Eiern, die spärlich, aber oft mehrfarbig gesprenkelt sind.

Typisch

Die Klappergrasmücke lebt versteckter als die Dorngrasmücke. Sie vollführt keine Singflüge, sondern singt meist aus der Deckung des Geästs heraus ④.

1

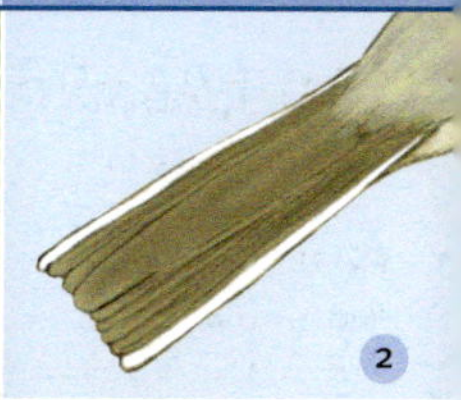
2

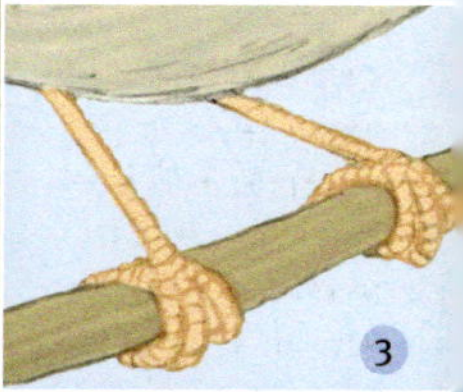
3

4

1

2

3

4

Grauschnäpper

Muscicapa striata

Aussehen: Etwa 14 cm groß und schlank, unscheinbar graubraun ①, lediglich am Kopf und auf der hellen Brust eine blassbraune Strichelung ②; Jungvögel kräftig gesprenkelt.
Stimme: Als Ruf ein scharfes »pst« oder feines »ziieh«, bei Gefahr ein hektisches »tektektek«; Gesang zirpend, holperig wirkend.
Vorkommen: An Waldrändern, auf Lichtungen, in Parks und großen Gärten; brütet oft auch an Häusern; Langstreckenzieher.
Nahrung: Fliegende Insekten.
Brut: Nest in Halbhöhlen auf Bäumen oder Mauern, nicht selten auf Dachbalken; 5–7 blassgrüne, braun gefleckte Eier.
Ähnliche Art: Beim Zwergschnäpper *(Ficedula parva)* tragen die Männchen ④ einen auffälligen orangeroten Kehlfleck, während Weibchen und Jungvögel dem Grauschnäpper ähneln. An ihrer arttypischen schwarzweißen Schwanzzeichnung ③ erkennt man sie jedoch.

Typisch

Wie alle Fliegenschnäpper jagt der Grauschnäpper von einer Sitzwarte aus nach vorüberfliegenden Insekten, die er im Flug erhascht.

Trauerschnäpper

Ficedula hypoleuca

Aussehen: Rund 13 cm groß; Männchen im Prachtkleid ① dunkel graubraun bis tiefschwarz mit weißer Unterseite, Stirn und Flügelbinden, im herbstlichen Schlichtkleid wie die Weibchen ④, d. h. weniger kontrastreich und mit dunkler Stirn. Flügelbinden bei beiden Geschlechtern im Flug gut zu erkennen ③. Jungvögel kräftig gefleckt ②.
Stimme: Ruf ein knappes, klares »bitt« oder ein scharfes »tzeck«; Gesang wehmütig klingend, aus auf- und absteigenden Tonreihen.
Vorkommen: In hochstämmigen Wäldern sowie in Parks und Gärten mit altem Baumbestand; gebietsweise recht häufig; Zugvogel, der im tropischen Afrika überwintert.
Nahrung: Insekten, die entweder im Flug erhascht oder von Laub und Zweigen abgelesen werden; im Spätsommer und Herbst auch Beeren.
Brut: Nest in Baumhöhlen, gern auch in Nistkästen; 1–2 Bruten mit 5–7 blass türkisfarbenen Eiern.

Typisch

Insbesondere nach dem Landen zeigt der Trauerschnäpper wie auch der Grauschnäpper ein charakteristisches Flügelzucken.

1

2

3

4

1

2

3

4

Mehlschwalbe

Delichon urbica

AUSSEHEN: Typisch für den geselligen, etwa 12,5 cm großen Singvogel ist neben einem gegabelten Schwanz ② die rein weiße Unterseite ④ samt Kehle ③ und der ebenfalls weiße Bürzel. Bei erwachsenen Vögeln schillert die Oberseite blauschwarz, im Gefieder der Jungvögel ist sie noch dunkelbraun.
STIMME: Leise Rufe wie »trr trr«, »dschrb« oder »brüd«, als Warnruf ein hohes, durchdringendes »zier«; Gesang aus kurzen, schwatzenden und zwitschernden Strophen.
VORKOMMEN: Im Siedlungsbereich des Menschen, vorwiegend in Dörfern, bei Einzelgehöften und am Stadtrand; Winterquartiere in Afrika südlich der Sahara.
NAHRUNG: Kleine, fliegende Insekten, die im Flug gefangen werden.
BRUT: Lehmnester in Kolonien an Außenwänden von Gebäuden, unter Brücken oder an Felsen; 2 – 3 Bruten im Jahr mit je 3 – 5 weißen Eiern.

TYPISCH

Das ordentlich aus Lehmklümpchen gebaute Nest der Mehlschwalbe ① hat die Form einer Viertelkugel mit einem halb runden Einschlupfloch.

Rauchschwalbe

Hirundo rustica

AUSSEHEN: In Größe und Gestalt wie die Mehlschwalbe, aber mit langen Schwanzspießen ②; die weiße Unterseite hebt sich kontrastreich gegen die blauschwarz schillernde Oberseite ④ ab, nur Stirn, Kinn und Kehle sind kräftig rotbraun ③.
STIMME: Ruft häufig »dschäd dschäd« oder »witt witt«, als Warnruf ein scharfes »ziwitt ziwitt«; Gesang aus anhaltenden Zwitscherstrophen mit plaudernden, knirschenden und kristallklaren Motiven, endet stets mit einem typischen schnurrenden Laut.
VORKOMMEN: Brütet in großer Zahl in Dörfern oder an Einzelgehöften, gelegentlich auch am Stadtrand; auf Nahrungssuche sieht man sie über Wiesen, Felder und Parks fliegen; Winterquartier im tropischen Afrika.
NAHRUNG: Kleine Insekten, die ausschließlich im Flug erhascht werden.
BRUT: Nest stets innen in Gebäuden, häufig in Viehställen oder Scheunen; meist 2 Bruten im Jahr, je 4 – 5 weiße Eier mit rötlichen Punkten.

TYPISCH

Das Nest der Rauchschwalbe ist ein oben offener Napf aus Lehm und Gras ①, von dem oft lange, eingemörtelte Halme herabhängen.

1

2

3

4

1

2

3

4

Blaumeise

Parus caeruleus

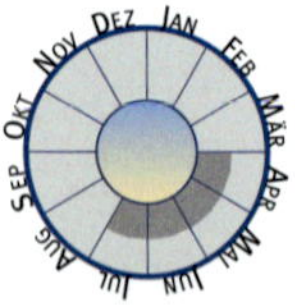

AUSSEHEN: Rund 12 cm große, blau-gelbe Meise ①; Kopf mit himmelblauem, weiß eingefasstem Scheitel und weißen Wangen ②, auf der gelben Unterseite anders als bei der Kohlmeise nur ein kurzer schwarzer Längsstrich ③; im blasseren Jugendkleid ④ Wangen noch gelb und Scheitel grau.
STIMME: Häufig feine »tsi-tsi-tsi«-Rufe; Reviergesang mit silberhellen und klaren Strophen, die wie »tsi-tsi-tsi-sirrrr« klingen.
VORKOMMEN: In Laub- und Mischwäldern (vorzugsweise mit Eichen), in Feldgehölzen, Parks und Gärten; stellenweise sehr häufig.
NAHRUNG: Kleine Insekten und deren Larven, Spinnen und andere Kleintiere; gelegentlich (vor allem im Winter) auch Sämereien und Beeren.
BRUT: Filziges Nest aus Moos, Tierhaaren und Federn, in Baumhöhlen, Nistkästen oder Mauerlöchern; 7–10 weiße, rötlich getupfte Eier.

TYPISCH

Bei der Balz im Frühjahr vollführt das Männchen auffällige, schmetterlingshaft flatternde Flüge, das Weibchen bettelt das Männchen mit zitternden Flügeln um Futter an.

Kohlmeise

Parus major

AUSSEHEN: Etwa 14 cm große Meise mit olivgrünem Rücken und schwarzem Kopf mit weißen Wangen ①; Unterseite gelb mit einem schwarzen Längsstreif, der beim Männchen breit ④, beim Weibchen ③ deutlich schmaler und oft auch kürzer ist.
STIMME: Vielfältige Rufe, von einem schnarrenden »tscherr-r-r-r« über »pink« bis zu einem feinen »zizizi«; Gesang aus zwei oder drei Silben, die ständig wiederholt werden: »zi-zi-be zi-zi-be …« oder »zi-pä zi-pä …«.
VORKOMMEN: Mit Ausnahme von reinem Nadelwald in fast jeder Landschaft mit Bäumen, in großer Zahl auch in Parks, Friedhöfen und Gärten, selbst mitten in der Stadt.
NAHRUNG: Kleine Insekten und deren Larven, Spinnen, Sämereien; an Futterstellen vor allem Talg, Nüsse und Sonnenblumenkerne.
BRUT: Nest in Baumhöhlen, Nistkästen oder anderen Höhlungen; zumeist zwei Bruten im Jahr mit 8–12 weißen, rötlich gesprenkelten Eiern.

TYPISCH

Noch junge Kohlmeisen erkennt man an hellgelben statt weißen Wangen, die zudem am unteren Rand nicht schwarz eingefasst sind ②.

1

2

3

4

1

2

3

4

Tannenmeise

Parus ater

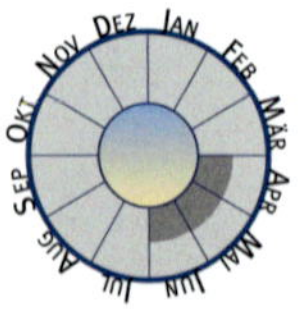

AUSSEHEN: Knapp 12 cm große Meise mit leuchtend weißen Wangen ①, einem breiten, schwarzen Kinnlatz ②, einem weißen, länglichen Nackenfleck ④ sowie einer doppelten weißen Flügelbinde ③; Jungvögel an Wangen, Nackenfleck und Brust gelblich gefärbt.

STIMME: Ruft bei der Nahrungssuche häufig zart »zi«, »psit« oder »si si si«; Gesang ein helles »zewi-zewi-zewi …« oder »sitü-sitü-sitü …«, fast das ganze Jahr über zu hören.

VORKOMMEN: Hauptsächlich in Nadelwald, aber auch in Parks und großen Gärten mit entsprechendem Baumbestand.

NAHRUNG: Kleine Insekten und Spinnen, aber auch Nadelbaumsamen; an Futterstellen gern Nüsse und Talg.

BRUT: Filziges Nest aus Moos, Tier- und Pflanzenwolle sowie Spinnweben, in Baumhöhlen, morschen Baumstümpfen und sogar in verlassenen Mauslöchern; 2–3 Bruten im Jahr mit 7–11 rötlich gesprenkelten Eiern.

TYPISCH

Tannenmeisen turnen bei der Nahrungssuche rastlos und stets etwas hektisch in den Baumspitzen und äußeren Ästen umher.

Sumpfmeise

Parus palustris

AUSSEHEN: 11–12 cm große, graubraune Meise mit glänzend schwarzer Kopfplatte ①, weißen Wangen und kleinem schwarzen Kinnfleck ②; Flügel ohne weiße Binde ③.

STIMME: Ruf wie ein heftiges Niesen, etwa »pitschü« oder »psitschä-dä-dä-dä«; Gesang recht eintönig, aus langen Serien gleicher Töne wie »tjip-tjip-tjip-tjip …«.

VORKOMMEN: In unterholzreichen Laub- und Mischwäldern, auch in Parks und Obstgärten; entgegen dem Namen kaum in Sümpfen.

NAHRUNG: Kleine Insekten und deren Larven, Spinnen; im Winterhalbjahr kleine Sämereien, vor allem Samen von Disteln.

BRUT: Moosreiches Nest in Baumhöhlen oder Nistkästen; gewöhnlich nur eine Brut im Jahr mit 7–9 rötlich getupften Eiern.

ÄHNLICHE ART: Die zum Verwechseln ähnliche, aber seltenere Weidenmeise *(Parus montanus)* ④ bewohnt eher feuchtere Wälder.

TYPISCH

Mit Sicherheit ist die Sumpfmeise im Freiland von der Weidenmeise nur an ihrer Stimme zu unterscheiden. Weidenmeisen rufen nasal und gedehnt, etwa »zie zie dääh dääh dääh«.

1

2

3

4

1

2

3

4

Haubenmeise

Parus cristatus

AUSSEHEN: Das schwarz-weiße Kopfmuster und die auffällige, spitze Haube ① machen die etwa 12 cm große Meise unverwechselbar. Ihre Oberseite ist mit Ausnahme des Kopfs einfarbig braun ②.
STIMME: Schnurrende Rufe wie »ürrrrr-r« oder »zi-zi-gürrrrr«; Gesang aus einer wechselnden Folge gurrender und klingelnder Laute wie »zi'i'i-prülüll-zi'i'i-prülülüll …«, unauffällig und nur selten zu hören.
VORKOMMEN: Im Nadelwald, vom Tiefland bis zur Baumgrenze im Gebirge, seltener auch in Parks und Gärten mit Nadelbäumen.
NAHRUNG: Hauptsächlich Insekten und deren Larven, Spinnen und andere Kleintiere, aber auch kleine Sämereien.
BRUT: Nest in Baumhöhlen ④, nicht selten in alten Spechthöhlen, manchmal auch in Nistkästen; 5–8 weißliche, fein rötlich gefleckte Eier.

TYPISCH

Bei den Jungvögeln ist die markante Haube noch sehr kurz ③. Die typische schwarz-weiße Zeichnung auf dem Kopf und das schwarze Halsband sind dagegen schon bald deutlich erkennbar.

Schwanzmeise

Aegithalos caudatus

AUSSEHEN: Gut 12 cm große, rundlich wirkende Meise mit auffallend langem Schwanz und schwarz-weiß-rosa Gefiederfärbung ①; Jungvögel mit schwarzbrauner Augenmaske und noch kurzem Schwanz ③.
STIMME: Dreisilbige »tsi-si-si«-Rufe in durchdringender Tonhöhe; Gesang fein trillernd und zwitschernd und wenig prägnant.
VORKOMMEN: Verbreiteter, aber nirgendwo häufiger Brutvogel des Tieflands.
NAHRUNG: Kleine Insekten und Spinnen.
BRUT: Großes, kunstvoll gefügtes Kugelnest ④ aus Moos und Flechten, Pflanzen- und Tierwolle, nicht selten mit Papier- und Plastikmüll durchsetzt; 8–10 weißliche Eier.
BESONDERES: Außerhalb der Brutzeit ziehen die geselligen Vögel in kleinen Trupps umher. Meist schlafen sie in dieser Zeit mit engem Körperkontakt, um Wärmeverluste zu vermeiden.

TYPISCH

Mitteleuropäische Schwanzmeisen haben einen schwarz-weiß gestreiften Kopf ①. Vögel mit rein weißem Kopf ② gehören einer nordöstlichen Unterart an und können gelegentlich auch in Norddeutschland beobachtet werden.

1

2

3

4

1

2

3

4

Kleiber

Sitta europaea

Aussehen: Rund 14 cm groß, gedrungen und kurzschwänzig; Oberseite einheitlich graublau ④, Kopf mit markantem schwarzem Augenstrich ②, bei west- und mitteleuropäischen Vögeln Unterseite orangebraun ①, bei nordeuropäischen Tieren Brust und Bauch weiß ③.
Stimme: Ruf ein schallendes »twit twit twit« oder »tsirrr«; Gesang laut und durchdringend, aus einfachen Flötenstrophen oder Trillern, wie »tüi-tüi-tüi-...« oder »wiwiwi ...«.
Vorkommen: Hierzulande ein verbreiteter und häufiger Brutvogel, im Tiefland ebenso wie im Gebirge; in Laub- und Mischwäldern, vorzugsweise mit Eichen, auch in Parks und Gärten.
Nahrung: Insekten und andere Kleintiere, die aus Rindenritzen hervorgeholt werden; auch Sämereien und Nüsse.
Brut: Nest aus Laub und Rindenstückchen in alten Spechthöhlen, gern auch in Nistkästen; 6–8 weiße, rötlich braun gefleckte Eier.

Typisch

Der Kleiber ist der einzige heimische Vogel, der mit dem Kopf nach unten an Baumstämmen abwärts klettern kann ④.

Gartenbaumläufer

Certhia brachydactyla

Aussehen: Schlanker, gut 12 cm großer, relativ langschwänziger Singvogel; oberseits rindenfarben ① mit rostbraunem Bürzel ②, unterseits weißlich; der dünne, dunkle Schnabel leicht nach unten gekrümmt ③.
Stimme: Hohe, erstaunlich laute »srii«-Rufe, bei Beunruhigung ein ebenso lautstarkes »tüt tüt tüt«; Gesang aus einer ansteigenden Reihe hoher, dünner Pfeiftöne.
Vorkommen: In Laub- und Mischwäldern, in Parks und Gärten mit altem Baumbestand.
Nahrung: Insekten und deren Larven, die aus der Baumrinde gepickt werden.
Brut: Nest in Rindenspalten oder Nistkästen, mit Pflanzenhaaren oder Federn weich gepolstert; 1–2 Bruten im Jahr mit 4–7 weißen, rotbraun gefleckten Eiern.
Ähnliche Art: Der Waldbaumläufer *(Certhia familiaris)* ④ bewohnt vor allem ausgedehnte Nadelwälder im Mittel- und Hochgebirge.

Typisch

Der Gartenbaumläufer klettert bei der Nahrungssuche ruckweise und in Spiralen an Baumstämmen empor. Oben angelangt, fliegt er wieder nach unten, zum Fuß des nächsten Baums, um dort seine Suche fortzusetzen.

7

Feldsperling

Passer montanus

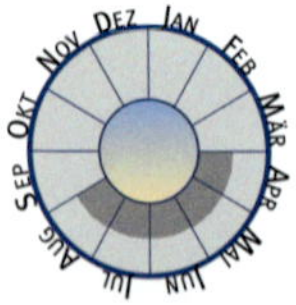

Aussehen: Braun und dickschnäbelig ①, mit 14 cm Länge etwas kleiner als der Haussperling. Am deutlichsten unterscheidet er sich von diesem durch den schokoladenbraunen Oberkopf und einen schwarzen Wangenfleck ③ auf den hellen Kopfseiten.

Stimme: Die Rufe des Feldsperlings lassen sich mit »zwi-tek-tek-tek«, andere mit »tschik-tschik-tschok« umschreiben. Rhythmisches, sperlingstypisches Tschilpen stellt den »Gesang« dieses Singvogels dar.

Typisch

Ein schmales weißes Nackenband ④ unterscheidet den Feldsperling auch aus einiger Entfernung vom Haussperling.

Vorkommen: Als Kulturfolger in offenen Kulturlandschaften, Dörfern, Gärten, Obstgärten und Parks, jedoch relativ selten in der Großstadt.

Nahrung: Samen, Knospen, Früchte, auch Insekten.

Brut: Kugeliges Nest aus Halmen, Stängeln und Federn in Baumhöhlen ②, Mauerlöchern oder Nistkästen; 2–3 Bruten im Jahr mit je 4–6 beigefarbenen Eiern mit dichter dunkler Musterung.

Haussperling | Spatz

Passer domesticus

Aussehen: Etwa 15 cm groß; Männchen mit grauer Scheitelkappe, schwarzem Kehlfleck ②, deutlicher weißer Flügelbinde ① und grauem Bürzel ③; Weibchen ④ und Jungvögel schlicht graubraun gefärbt.

Stimme: Häufiger Ruf wie »tsched-tsched«, bei Störungen lautes und durchdringendes »tetetete«; als Gesang ein gleichmäßiges Tschilpen, das in Gezeter umschlagen kann.

Vorkommen: Fast überall in Europa, wo Menschen leben. Meist treten die geselligen Vögel in kleinen Trupps auf.

Typisch

Das bekannte rhythmische Tschilpen ist der Reviergesang der Männchen und wird meist in Nestnähe von einem Dach oder aus einem Gebüsch heraus vorgetragen.

Nahrung: Samen von Wildpflanzen, Insekten und deren Larven, Früchte, Beeren, Getreide und Speisereste.

Brut: Locker gefügtes, kugeliges Nest aus Zweigen, Halmen, Papier und anderem Zivilisationsmüll, meist in Mauerlöchern, unter Dachziegeln, in Kletterpflanzen, Nistkästen oder an sonstigen überdachten Stellen; 2–3 Bruten im Jahr mit je 4–6 beigefarbenen, dunkel gemusterten Eiern.

1

2

3

4

1

2

3

4

Buchfink

Fringilla coelebs

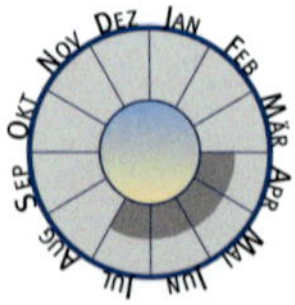

AUSSEHEN: Rund 15 cm großer Singvogel; beide Geschlechter mit doppelter weißer Flügelbinde ②, olivgrünem Bürzel und weißen Schwanzrändern ③; Weibchen ④ ansonsten unscheinbar gefärbt; Männchen ① vor allem im Frühjahr auffallend bunt, mit graublauer Kopfkappe und roter Brust, im Winter matter.
STIMME: Ruf bei Beunruhigung ein knappes »pink«, im Flug ein kurzes »jüb«; Gesang schmetternd, aus einer vielfach wiederholten, abfallenden Tonreihe.
VORKOMMEN: In Wäldern aller Art, Feldgehölzen, Heckenlandschaften, Parks und Gärten, auch mitten in der Großstadt; Männchen ganzjährig im Lande, Weibchen überwintern meist in West- oder Südeuropa.
NAHRUNG: Samen und Früchte von Bodenpflanzen und Bäumen, ebenso Beeren und Getreide; in der Brutzeit auch Insekten und Spinnen.
BRUT: Kunstvoll gefügtes Napfnest, meist auf einem Baum; zumeist 2 Bruten im Jahr mit 3–6 hellblauen, rötlich braun gefleckten Eiern.

TYPISCH

Bei der Nahrungssuche am Boden tippeln Buchfinken mit ruckartigen Bewegungen umher.

Bergfink

Fringilla montifringilla

AUSSEHEN: In Größe und Gestalt wie der Buchfink, aber an Brust und Schultern orangebraun; Weibchen ④ ganzjährig mit graubraunem Kopf; Männchen im Winter an Kopf und Rücken bräunlich grau geschuppt ③, zur Brutzeit mit glänzend schwarzem Kopf ①.
STIMME: Charakteristisch quäkende Rufe wie »quäi«, beim Fliegen »jäk« oder »jüp«, härter und kürzer als der Buchfink.
VORKOMMEN: Brutvogel Nordeuropas; bei uns Durchzügler und Wintergast, der sich in Buchenwäldern, auf Feldern und Schuttplätzen, häufig auch in Parks und Gärten einfindet, nicht selten in gemeinsamen Schwärmen mit anderen Finken oder auch mit Ammern.
NAHRUNG: Sämereien, insbesondere Bucheckern, im Frühjahr auch Knospen; im Sommer Insekten und andere kleine Bodentiere.
BRUT: Nest aus Moos, Halmen, Flechten und Federn, meist hoch in einer Birke oder einem Nadelbaum; 5–7 hellblaue Eier mit rötlichen Flecken.

TYPISCH

Im Unterschied zum Buchfinken haben Bergfinken einen leuchtend weißen Bürzel, der besonders beim abfliegenden Vogel auffällt ②.

1

2

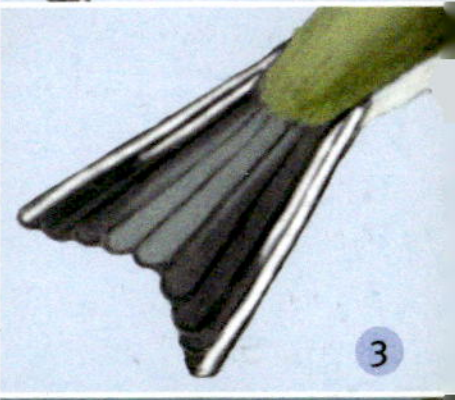
3

4

1

2

3

4

Girlitz

Serinus serinus

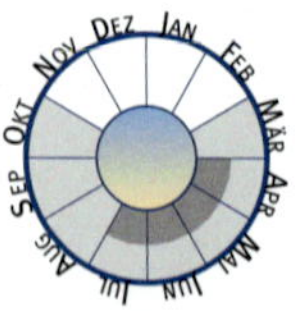

Aussehen: Nur 11 cm groß; Männchen ① vor allem an Brust und Kopf kanariengelb, Weibchen ③ überwiegend graubraun; beide Geschlechter mit kräftig gelbem Bürzel ②.

Stimme: Hoher, trillernder Flugruf »girlitt«; Gesang hell und klirrend, wird im Singflug oder von hohen Warten aus vorgetragen.

Vorkommen: In lichten Laub- und Mischwäldern sowie in Parks und Gärten, Friedhöfen und Obstgärten zwar weit verbreitet, aber meist nicht häufig; überwintert vereinzelt bei uns, gewöhnlich aber in Südeuropa.

Nahrung: Kleine Samen, auch Insekten.

Brut: Nest in Büschen oder kleinen Nadelbäumen; gewöhnlich 2 Bruten im Jahr mit 3–5 grünlichen oder bläulichen Eiern mit rötlicher Fleckung.

Ähnliche Art: Der weniger gestrichelte, graunackige Zitronengirlitz *(Serinus citrinella)* ④ kommt in lichten Bergwäldern vor.

Typisch

Im Frühjahr machen die Girlitzmännchen mit gaukelnden Singflügen auf sich aufmerksam, die durch weit ausholende Flügelschläge fledermausartig wirken.

Stieglitz | Distelfink

Carduelis carduelis

Aussehen: Etwa 14 cm groß; beide Geschlechter rötlich braun mit schwarz-weißen Partien ①, gelbem Flügelstreif und roter Gesichtsmaske ②; Jungvögel bis zum ersten Herbst noch mit hellbraunem Kopf ④.

Stimme: Fast ständig ein hell klingelndes »stigelitt« oder »didlitt«, bei Gefahr ein gezogenes »wäii«, beim Streit mit Artgenossen schnarrende »tschrrr«-Rufe; Gesang aus lebhaft zwitschernden Strophen, in die einzelne Rufe eingestreut werden.

Vorkommen: An Waldrändern, in Heckenlandschaften, Obstgärten, Parks und Gärten; streift im Herbst und Winter in Trupps umher auf der Suche nach stehen gebliebenen, Samen tragenden Stauden.

Nahrung: Vorwiegend Samen von Stauden und Bäumen, im Frühjahr auch Knospen; zur Jungenaufzucht kleine Insekten.

Brut: Dickwandiges Napfnest, meist recht hoch in Bäumen und hohen Sträuchern; häufig 2 Bruten im Jahr mit 4–6 rötlich gemusterten Eiern.

Typisch

Im Flug ist ein Stieglitz schon von weitem durch den breiten gelben Streif auf den schwarzen Flügeln zu erkennen ③.

1

2

3

4

1

2

3

4

Grünfink | Grünling

Carduelis chloris

Aussehen: Etwa 15 cm großer Fink mit gelben Abzeichen an Flügeln und Schwanz ②; Männchen ① vor allem im Frühjahr und Sommer auffällig gelbgrün, im Herbst und Winter ähnelt es dem olivbraunen Weibchen ④; Jungvögel unterseits gestrichelt ③.

Stimme: Beim Abfliegen oft ein klingelndes »gügügü«, bei Beunruhigung ein gedehntes »dschuie«, bei Streitigkeiten schnarrendes »tsrrrr«; Gesang mit kanarienvogelartigen Trillern, klingelnden und pfeifenden Lauten.

Vorkommen: In lichten Wäldern und Feldgehölzen sowie in Kulturlandschaften mit Hecken und Obstgärten, ebenso in Parks und Gärten der Städte; fast überall häufig.

Nahrung: Fast ausschließlich pflanzlich: Samen, Knospen und Beeren.

Brut: Nest meist nicht sehr hoch in Büschen oder jungen Bäumen; 2–3 Bruten im Jahr mit jeweils 4–6 spärlich braun gefleckten Eiern.

Typisch

Weibchen und Jungvögel des Grünfinken kann man leicht mit Haussperlingsweibchen verwechseln, die jedoch keinerlei Gelb im Gefieder haben.

Erlenzeisig | Zeisig

Carduelis spinus

Aussehen: 12 cm groß; Männchen ① mit gelb-olivgrün-schwarzem Gefieder, einer tiefschwarzen Scheitelkappe und schwarzem Kehllatz ③; Weibchen ④ oberseits graugrün, Brust hell mit deutlicher Strichelung.

Stimme: Auf der ersten Silbe betonte Flugrufe wie »di-äh« oder »tü-li«; Gesang aus eiligen Zwitscherstrophen, die stets mit einem gedehnten Quetschlaut enden.

Vorkommen: Vorwiegend in den Bergwäldern der Mittelgebirge und Alpen bis hinauf zur Baumgrenze. Während hiesige Zeisige ganzjährig in ihrem Brutgebiet bleiben, tauchen oft Schwärme von Vögeln, die in nördlichen Regionen brüten, als Durchzügler und Wintergäste im deutschen Tiefland auf.

Nahrung: Samen von Bäumen, vorzugsweise von Erlen und Birken, aber auch von Kräutern; zur Jungenaufzucht auch kleine Insekten.

Brut: Nest meist in mehr als 5 m Höhe außen auf einem Fichtenast; gewöhnlich 2 Bruten im Jahr mit 4–6 hellblauen, rötlich gesprenkelten Eiern.

Typisch

Bei beiden Geschlechtern fällt – besonders im Flug – ein schwarzgelbes Flügelmuster auf ②.

1

2

3

4

1

2

3

4

Birkenzeisig | Birkenhänfling

Carduelis flammea

AUSSEHEN: Gut 12 cm groß; Männchen braun, im Prachtkleid mit rosarot getönter Brust ①; Weibchen ④ eher graubraun gefärbt; beide mit leuchtend roter Stirn und kleinem, schwarzem Kinnfleck ② sowie einer doppelten weißen Flügelbinde ③.
STIMME: Im Flug ein schnelles, nasales »dschädschädschä«; Gesang rau zwitschernd und trillernd, mit Flugrufen durchmischt.
VORKOMMEN: In den Bergwäldern der Alpen nahe der Baumgrenze, neuerdings auch in Parks und Gärten mancher Städte. Eine etwas größere und hellere skandinavische Unterart ist im Winterhalbjahr bei uns als Durchzügler oder Wintergast zu beobachten.
NAHRUNG: Kleine Samen von Laubbäumen und krautigen Pflanzen; zur Brutzeit auch kleine Insekten.
BRUT: Nest meist hoch in Nadelbäumen; 2 Bruten im Jahr mit 4–6 hellblauen Eiern mit rötlichen und bräunlichen Flecken und Kritzeln.

TYPISCH
Männchen wie Weibchen des Birkenzeisigs tragen das ganze Jahr über einen leuchtend roten Stirnfleck ②.

Bluthänfling

Carduelis cannabina

AUSSEHEN: Etwa 14 cm groß; Männchen im Prachtkleid ① an roter Stirn und zweigeteilter karminroter Färbung der Brust ② leicht zu erkennen, im Schlichtkleid dem unscheinbar graubraunen Weibchen ④ sehr ähnlich; Schwanz schwarz-weiß, leicht gegabelt ③.
STIMME: Im Flug nasales und etwas stotterndes »gegegegeg«; Gesang ausgesprochen wohlklingend und abwechslungsreich, aus zwitschernden, trillernden, flötenden und geckernden Tönen zusammengesetzt.
VORKOMMEN: In offenen Landschaften mit Gehölzen und Hecken, auch in Weinbergen, Obstgärten, Parks und Gärten; gebietsweise häufig; außerhalb der Brutzeit oft in Schwärmen auf Brachland oder Stoppeläckern, darunter auch Wintergäste aus nordöstlichen Brutgebieten.
NAHRUNG: Samen von krautigen Pflanzen, seltener auch von Bäumen.
BRUT: Nest gewöhnlich niedrig in Hecken, Büschen oder Jungbäumen; meist 2 Bruten im Jahr mit je 4–6 weißlichen, rötlich gefleckten Eiern.

TYPISCH
Der Flug des Bluthänflings wirkt ein wenig hüpfend. Vor allem aber fällt der Vogel durch seine ständigen nasalen Flugrufe auf.

1

2

3

4

1

2

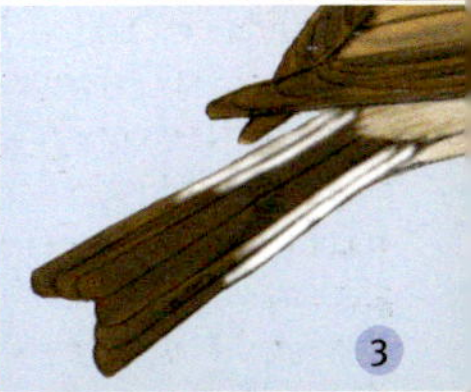
3

4

Haubenlerche

Galerida cristata

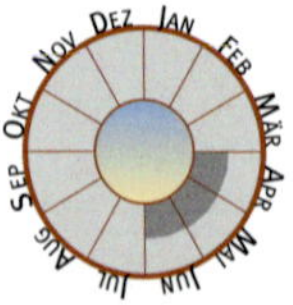

Aussehen: Etwa 17 cm große, gedrungene Lerche mit hoher, spitzer Scheitelhaube, die meist aufgerichtet getragen wird ①; Oberseite braun, Hals vorn kräftig gestrichelt, Unterseite weiß ③, Schwanz ohne Weiß ④.

Stimme: Weich flötende Rufe wie »die-die-dri-e« oder »dü-dü-dür-dli«; pfeifender und zwitschernder Reviergesang aus unterschiedlich langen, oft wiederholten Strophen.

Vorkommen: Ursprünglich Bewohner von Steppen- und Halbwüstengebieten, bei uns auf trockenem Ödland, Sportplätzen, Industriegelände sowie Straßenplätzen, sogar mitten in Großstädten; gebietsweise selten geworden.

Nahrung: Hauptsächlich Sämereien, daneben auch Getreidekörner, frische Grasspitzen, kleine Bodeninsekten und Spinnen.

Brut: Bodennest, oft an Straßenböschungen und Bahndämmen, auch auf Flachdächern; meist 2 Bruten im Jahr mit je 3–5 braun gefleckten Eiern.

Typisch

Anders als die Feldlerche singt die Haubenlerche auch häufig vom Boden oder einer erhöhten Sitzwarte aus ②.

Feldlerche

Alauda arvensis

Aussehen: Rund 18 cm großer, unauffällig braun gefärbter Bodenvogel ① mit weißem Bauch; kann die Scheitelfedern zu einer kleinen, runden Haube aufstellen ③.

Stimme: Rufe wie »tirrr«, »prütt« oder auch »tschrl«; Gesang aus langen, trillernden Strophen, in ausdauerndem Singflug vorgetragen, wobei die Lerche hoch am Himmel schwirrt.

Vorkommen: In offener Feldflur, auch in Mooren und im Küstenbereich; Bestände in letzter Zeit vielerorts stark zurückgegangen; nur in sehr milden Gegenden ganzjährig im Lande, überwintert sonst in West- oder Südeuropa.

Nahrung: Insekten, Larven, Spinnen, Samen und grüne Pflanzenteile.

Brut: Nest aus Halmen, in einer kleinen Bodenmulde verborgen; meist 2 Bruten im Jahr mit je 3–4 kräftig braun gesprenkelten Eiern.

Ähnliche Art: Die etwas kleinere, in Mitteleuropa nur lückenhaft verbreitete und recht seltene Heidelerche *(Lullula arborea)* ④ sitzt im Gegensatz zur Feldlerche gern auf einem Baum und singt oft auch nachts.

Typisch

Im Flug sind schmale weiße Flügelhinterränder sowie weiße Schwanzkanten zu erkennen ②.

1

2

3

4

1

2

3

4

Nachtigall

Luscinia megarhynchos

AUSSEHEN: Gut 16 cm groß; oberseits rötlich braunes, unterseits helleres Federkleid ohne weitere Musterung ①, Bürzel und Schwanz kräftig rotbraun, Flügel und Schwanz gerundet ②; Jungvögel stark gefleckt ③.
STIMME: Als Warnruf ein pfeifendes »hüid« oder raues »karrr«; Gesang auffallend laut und wohlklingend, zur Brutzeit fast Tag und Nacht zu hören ④. Schmetternde und flötende Motive wechseln sich ab mit ansteigendem »hü hü hü hü …«, oft als »Schluchzen« bezeichnet.
VORKOMMEN: In Norddeutschland verbreitet, in Süddeutschland überwiegend in den Niederungen von Rhein, Main und Neckar; in Laub- und Auwäldern, Parks, Friedhöfen und großen Gärten; überwintert in Afrika.
NAHRUNG: Insekten, Spinnen, Schnecken, Würmer; im Herbst Beeren.
BRUT: Nest aus altem Laub und Halmen, am Boden oder knapp darüber, gut verborgen in dichtem Gestrüpp; 4–6 olivgrüne Eier.

TYPISCH
Die Nachtigall hüpft am Boden mit großen Sprüngen. Ein häufiges Aufstellen des Schwanzes ist charakteristisch für sie.

Sprosser

Luscinia luscinia

AUSSEHEN: Der Nachtigall sehr ähnlich, aber Oberseite nicht rötlich, sondern olivbraun ①, Brust beige mit wolkenartigen bräunlichen Flecken ③, Wangen hell umrahmt ②; Jungvögel noch stark gefleckt.
STIMME: Bei Erregung tiefe »karrr«- oder helle »hiiied«-Rufe; Lied langsamer und tiefer als das der Nachtigall und ohne deren »Schluchzen«, erklingt sowohl tagsüber wie in der Nacht ④.
VORKOMMEN: In Skandinavien und Osteuropa verbreitet, bei uns nur in Schleswig-Holstein und Mecklenburg-Vorpommern als Brutvogel; bewohnt dichte, schattige Gebüschvegetation, vorzugsweise in Gewässernähe, aber auch dicht bewachsene Gärten und Parks; Winterquartiere in Ostafrika.
NAHRUNG: Insekten, Spinnen, Schnecken, Würmer; im Herbst Beeren.
BRUT: Bodennest aus altem Laub, Halmen und Reisig, meist in einer Senke unter dichtem Gebüsch; 4–6 bräunliche Eier.

TYPISCH
Von der Nachtigall unterscheidet sich der Sprosser durch die leicht gemusterte Brust und bräunliche Flecken oder undeutliche Querbinden auf der beigefarbenen Schwanzunterseite.

1

2

3

4

1

2

3

4

Mauerläufer

Tichodroma muraria

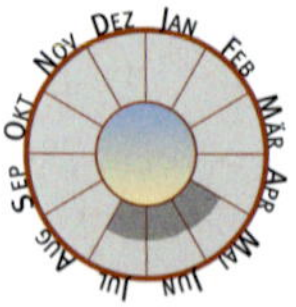

Aussehen: Blutrote Felder auf den Flügeln ① machen den 16 cm großen Singvogel mit dem langen, dünnen Schnabel unverkennbar. Kehle des Männchens im Prachtkleid schwarz ②, im Schlichtkleid ③ hell wie beim Weibchen; mit angelegten Flügeln steingrau und in den Felsen gut getarnt ④.
Stimme: Kontaktrufe ein dünnes, pfeifendes »tüii«; Gesangsstrophen aus 3–5 gedehnten Pfiffen, deren letzter Ton auffallend absinkt.
Vorkommen: In Mitteleuropa nur in den Alpen, im Sommer in der Felsregion oberhalb der Baumgrenze, im Winter weiter talwärts, dann nicht selten in Dörfern und Städten.
Nahrung: Insekten, Larven, Spinnen, Asseln und Tausendfüßer, die mit Hilfe des »Pinzettenschnabels« aus Felsritzen herausgezogen werden.
Brut: Nest in engen Felsspalten; 4–5 weißliche, braun gepunktete Eier.

Typisch

Bei der Nahrungssuche klettert der Mauerläufer mit ruckweisen Bewegungen an Felswänden umher. Er zuckt dabei ständig mit den Flügeln, wobei deren rote und weiße Felder aufblitzen.

Steinschmätzer

Oenanthe oenanthe

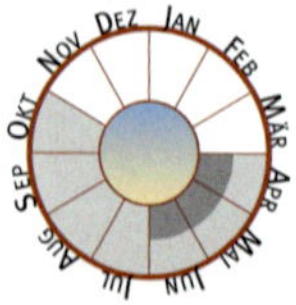

Aussehen: 15–16 cm großer Bodenvogel; Männchen im Prachtkleid ① mit schwarzer Augenmaske und ockergelber Kehle, nach der Mauser ab August dem kontrastärmeren, eher graubraunen Weibchen ④ ähnlich; Jungvögel noch stark gefleckt ③.
Stimme: Bei Erregung ein tonloses »tk-tk-tk«, oft unterbrochen durch einzelne hohe »fiid«-Laute. Der überwiegend schwätzende, murmelnde Gesang ist mit hellen Pfeiftönen durchmischt. Das Männchen trägt ihn meist vom Boden aus vor, manchmal auch in einem kurzen Singflug.
Vorkommen: In Deutschland eher selten; in offenem, steinigem Gelände, Ödland, Dünen und Weinbergen sowie in der Felsregion der Alpen; Winterquartiere im tropischen Afrika.
Nahrung: Insekten und Spinnen, die vom Boden aufgelesen werden.
Brut: Nest aus Gras und Moos, in Bodenhöhlungen, Kaninchenbauten, Steinhaufen oder Mauerlöchern; 5–6 weißliche Eier.

Typisch

Der im oberen Teil leuchtend weiße Schwanz trägt ein breites schwarzes Muster in Form eines Kopf stehenden »T« ②.

1

2

3

4

1

2

3

4

Seidenschwanz

Bombycilla garrulus

Aussehen: Etwa 18 cm großer, gedrungen wirkender Singvogel mit rostbraunem bis beigegrauem Gefieder; Kopf mit schwarzer Gesichtsmaske und aufrichtbarer Federhaube ①, Schwanz mit leuchtend gelber Endbinde ③, Flügel kontrastreich weiß-gelb-schwarz, mit einigen lackroten Hornplättchen ②.
Stimme: Hohe, schwirrende »sirrrr«-Rufe.
Vorkommen: Brutvogel Nordskandinaviens und Russlands, wo er in der Fichtentaiga oder in Birkenwäldern lebt; bei uns nur Wintergast, der unregelmäßig und in sehr unterschiedlicher Zahl auftaucht, im Norden Deutschlands häufiger als im Süden; fällt dann truppweise in Feldgehölzen, Parks und Gärten mit beerentragenden Sträuchern ein.
Nahrung: Zur Brutzeit vor allem Insekten; im Herbst und Winter fast ausschließlich Beeren ④ und an den Bäumen hängen gebliebenes Obst.
Brut: Nest aus Zweigen und Flechten; 3–5 weiße, dunkel gefleckte Eier.

Typisch

Der geradlinige, immer wieder von kurzen Gleitphasen unterbrochene Flug des Seidenschwanzes erinnert an den eines Stars.

Pirol

Oriolus oriolus

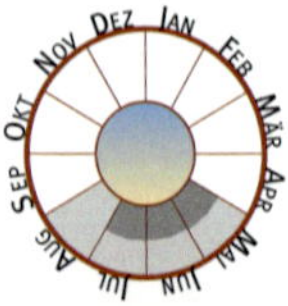

Aussehen: Etwa 24 cm großer, schlanker Singvogel; Männchen ① sonnengelb mit schwarzen Flügeln; Weibchen und Jungvögel oberseits gelblich grün ④, unterseits weißlich mit dunkler Strichelung ③; junge Männchen erst ab 3. Lebensjahr gelb.
Stimme: Beide Geschlechter rufen rau »krrrää«, ähnlich einem Eichelhäher, oder »gewäh«. Das Männchen lässt im Frühjahr einen überaus melodisch flötenden Gesang hören, etwa wie »dedüalüo«.
Vorkommen: In Laub- und Auwäldern, aber auch in Parks mit hohen, alten Bäumen sowie großen Obstgärten; hält sich dort fast stets in den oberen Baumkronen auf; zieht zum Überwintern ins tropische Afrika.
Nahrung: Große Insekten, Raupen, auch Beeren und andere Früchte.
Brut: Das kunstvoll gewobene Nest ist ein frei hängender Napf, der an einer Astgabel befestigt wird. 3–5 weißliche bis rosafarbene Eier mit spärlichen dunkelbraunen Flecken.

Typisch

Im Flug bewegt sich der Pirol, ähnlich wie Spechte, wellenförmig fort. An seinen gelben Abzeichen ist er leicht zu erkennen ②.

1

2

3

4

1

2

3

4

Wachtel

Coturnix coturnix

AUSSEHEN: Nur etwa 18 cm groß; am Boden durch erdbraunes, stark geflecktes Gefieder gut getarnt ①; Männchen mit ockerbrauner Brust und schwarzer Kehle ②.
STIMME: Dreisilbige, streng im Takt bleibende, ausdauernde Revierrufe wie »pick-wer-wick«, vor allem in der Abenddämmerung.
VORKOMMEN: In offenen Kulturlandschaften mit Wiesen und Feldern; überwintert teils im Mittelmeerraum, teils im tropischen Afrika.
NAHRUNG: Insekten, Schnecken, Würmer, Triebe und Samen von Kräutern und Getreide.
BRUT: 1–2 Bruten im Jahr mit 6–12 gelblichen, dunkel gefleckten Eiern, die in ein Bodennest gelegt werden. Die Jungen sind Nestflüchter.
ÄHNLICHE ART: Der etwas größere Wachtelkönig *(Crex crex)* ④ kommt teilweise im gleichen Lebensraum vor wie die Wachtel. Sein Flug ist schwankend, mit schlappen Flügelschlägen und hängenden Beinen ③.

TYPISCH
Wachteln flüchten fast immer rennend zu Fuß. Nur selten sieht man sie mit schwirrenden Flügelschlägen knapp über dem Boden fliegen.

Bachstelze

Motacilla alba

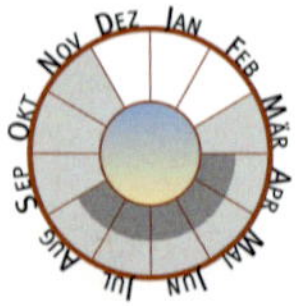

AUSSEHEN: Etwa 18 cm langer, schlanker, hochbeiniger Singvogel; Männchen im Sommer kontrastreich schwarz-weiß-grau ①, im Winter – wie das Weibchen ganzjährig – etwas blasser ③; Schwanz lang, mit weißen Kanten ②; Jugendkleid bräunlich grau ④.
STIMME: Rufe wie »pewitt«, »ziwlitt« oder »zitt«; Gesang ein lebhaftes, hastiges Zwitschern, eher selten zu hören.
VORKOMMEN: Gern an Gewässerufern, aber auch an Einzelgehöften, in Dörfern und Städten, Parks und Gärten; fast überall häufig. Einige wenige überwintern in Mitteleuropa, die meisten aber ziehen über die Wintermonate in den Mittelmeerraum oder noch weiter südwärts bis nach Zentralafrika.
NAHRUNG: Insekten und deren Larven, Spinnen.
BRUT: Nest in Halbhöhlen am Wasser, oft auch an Gebäuden, in Schuppen oder in Holzstößen; in der Regel 2 Bruten im Jahr mit je 5–6 hellgrauen, dunkel gefleckten Eiern.

TYPISCH
Ein flink trippelnder Gang, verbunden mit ständigem Kopfnicken und Schwanzwippen, ist typisch für die Bachstelze.

1

2

3

4

1

2

3

4

Schafstelze

Motacilla flava

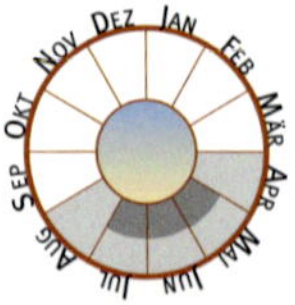

Aussehen: 17 cm großer, langschwänziger und hochbeiniger Singvogel; im Sommer Brust und Bauch des Männchens leuchtend gelb, Oberseite olivbraun, Kopf je nach Unterart grau mit weißem Überaugenstreif ① oder gelbgrün ②; im Schlichtkleid ebenso wie beim Weibchen ④ Farben blasser und Kontraste schwächer; Jugendkleid ③ oberseits olivbräunlich, unterseits schmutzig weiß.

Stimme: Rufe wie »psieh« oder »psüip«; Gesang aus einer Reihung rufähnlicher Silben.

Vorkommen: Auf feuchten, kurzrasigen Wiesen und auf Feldern, oft in Dorfnähe; im Tiefland verbreitet, in den Alpen und in waldreichen Mittelgebirgen fehlend; überwintert in Afrika.

Nahrung: Insekten und deren Larven, die vom Boden aufgelesen werden.

Brut: Locker gefügtes Nest, in der Bodenvegetation versteckt; 1–2 Bruten im Jahr mit 4–6 Eiern, die dicht rotbraun gefleckt sind.

Typisch

Schafstelzen sitzen gern auf Zaunpfosten oder niedrigen Büschen. Wie alle Stelzen fallen sie durch ihr ständiges Schwanzwippen auf.

Gebirgsstelze

Motacilla cinerea

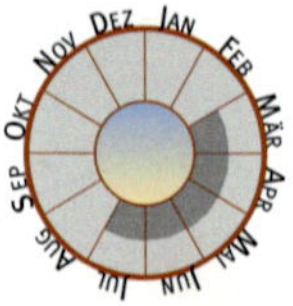

Aussehen: 18 – 19 cm große, schlanke Stelze mit grauer Oberseite; Männchen ④ unterseits kräftiger gelb als Weibchen ①; Kehle weiß ②, nur beim Männchen im Prachtkleid schwarz; im Flug weiße Schwanzkanten und ein weißer Flügelstreif sichtbar ③; Jungvögel mit rahmfarbener Brust.

Stimme: Rufe sehr laut und scharf, etwa wie »zick-kick« oder »ziss-ziss«, als Alarmruf ein schrilles »sisiht«; Gesang aus aneinander gereihten Pfeiftönen, Trillern und Rufen.

Vorkommen: Verbreitet, aber nirgendwo häufig, im Bergland bis über die Baumgrenze; an klaren, schnell fließenden Flüssen und Bächen, nur selten fernab vom Wasser. Mitteleuropäische Vögel überwintern teils in Westeuropa oder im Mittelmeerraum, teils bleiben sie im Brutgebiet.

Nahrung: Insekten, Spinnen und kleine Würmer.

Brut: Nest in Löchern an Uferböschungen oder in Felsspalten, auch unter Brücken; meist 2 Bruten im Jahr mit 4–6 rotbraun gefleckten Eiern.

Typisch

Im Gegensatz zu Schaf- und Bachstelzen trifft man die einzelgängerischen Gebirgsstelzen kaum jemals in größeren Trupps an.

1

2

3

4

1

2

3

4

Sandregenpfeifer

Charadrius hiaticula

Aussehen: 18–20 cm groß, oberseits sandbraun, unterseits weiß ①; im Prachtkleid mit kontrastreich schwarz-weißem Gesicht sowie orangem Schnabel mit schwarzer Spitze ②; im Schlichtkleid nur braun-weiß ④; im Flug ein weißer Flügelstreif sichtbar ③.
Stimme: Weiches, zweisilbiges »tü-it«; bei der Balz ausdauerndes »t'wüeh t'wüeh …« oder »drü drü drü …«, im Singflug vorgetragen.
Vorkommen: Häufiger Brutvogel an den Küsten von Nord- und Ostsee; überwintert an den Küsten des Mittelmeers, taucht auf dem Durchzug regelmäßig auch an flachen Gewässerufern im Binnenland auf.
Nahrung: Insekten, Larven, Kleinkrebse, Würmer und Schnecken.
Brut: Nest nur eine flach ausgescharrte Bodenmulde; meist 2 Bruten im Jahr mit durchschnittlich 4 sandfarbenen, dunkel gesprenkelten Eiern.

Typisch

Wie alle Regenpfeifer läuft der Sandregenpfeifer mit überaus schnellen Trippelschritten. Das ruckartige Stehenbleiben ist gefolgt von einer knappen »Verbeugung« des Vorderkörpers.

Flussregenpfeifer

Charadrius dubius

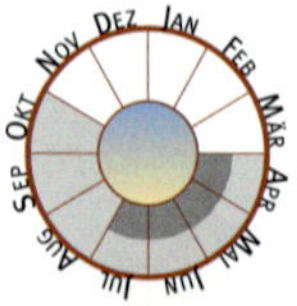

Aussehen: Dem Sandregenpfeifer ähnlich, aber etwas kleiner und schlanker, mit schwarzem Schnabel und feinem, zitronengelbem Lidring um das Auge ②; Jungvögel ④ noch mit fahlbraunem Kopf, ähnlich den erwachsenen Vögeln im Schlichtkleid.
Stimme: Bei Erregung ein hohes, pfeifendes »piu«; in der Balz fledermausartig flatternde Singflüge mit schnellen Trillern, etwa wie »grü grü grü …« oder »triä triä triä …«.
Vorkommen: Verbreiteter, aber nirgendwo häufiger Bewohner des Tieflands; an sandigen oder steinigen Fluss- und Seeufern, auch in Kies- und Sandgruben; zieht zum Überwintern nach Afrika südlich der Sahara.
Nahrung: Käfer, Kleinkrebse, Schnecken, Würmer und andere Kleintiere, die am Boden zu finden sind.
Brut: Nest nur eine flache Mulde auf einer Sand- oder Kiesfläche in Wassernähe ①; meist 4 Eier, die durch ihre dunkle Sprenkelung bestens getarnt sind. Die Jungen sind wie bei allen Watvögeln Nestflüchter.

Typisch

Dem Flussregenpfeifer fehlt der weiße Flügelstreif ③, der bei einem fliegenden Sandregenpfeifer auffällt.

1

2

3

4

1

2

3

4

Flussuferläufer

Actitis hypoleucos

Aussehen: 19–21 cm groß, oberseits olivbraun mit zarter Musterung, am Bauch aber schneeweiß ①. Im Flug fällt an der Oberseite ein weißer Flügelstreif auf ②.
Stimme: Helle, durchdringende Rufe wie »hieh-di-di«, auf der ersten Silbe betont; bei Störungen gedehntes »iiit«; trillernder Balzgesang des Männchens, im Flug vorgetragen.
Vorkommen: An locker bewachsenen Kies- und Sandufern von Flüssen und Seen, vom Tiefland bis zum Hochgebirge; in Mitteleuropa nur inselartig verbreitet; überwintert im Mittelmeerraum.
Nahrung: Insekten, Spinnen, kleine Würmer und Kleinkrebse.
Brut: Spärlich ausgepolstertes Bodennest, gewöhnlich unter Pflanzen verborgen; 3–5 ockerbraune bis rötliche Eier mit dunkelbraunen Flecken.
Ähnliche Art: Der etwas größere Waldwasserläufer *(Tringa ochropus)* ④ hat einen auffälligen weißen Bürzel und gebänderten Schwanz ③.

Typisch

Der Flussuferläufer steht gern auf Steinen oder Schwemmholz im Wasser, wobei er immer wieder mit dem Hinterkörper wippt.

Trauerseeschwalbe

Chlidonias niger

Aussehen: 22–24 cm großer, grauer Seevogel, zur Brutzeit mit schwärzlichem Vorderkörper und rußschwarzem Kopf ①; Schwanz weiß, nur schwach gegabelt ②; Jugendkleid mit weißen Kopfpartien ③, dem Schlichtkleid erwachsener Vögel ④ ähnlich.
Stimme: Kurze, kratzige Rufe wie »kriärr«, »kirr« oder »kräk«.
Vorkommen: Brütet meist kolonieweise in Sümpfen und an stark verlandeten Seen mit üppiger Vegetation, in Deutschland nur im Norden des Landes; Winterquartiere im tropischen Afrika; Durchzügler an allen Arten von Binnengewässern und an Meeresküsten.
Nahrung: Wasserinsekten, deren Larven und andere kleine Wassertiere.
Brut: Nest auf abgeknicktem Schilf, Schwimmblättern oder aus dem Wasser ragenden Grasbuckeln; 2–3 lehmfarbene bis olivbraune Eier mit groben, dunklen Flecken; beide Partner brüten und versorgen die Jungen.

Typisch

Trauerseeschwalben fliegen bei der Nahrungssuche dicht über dem Wasser und bleiben oft rüttelnd in der Luft stehen. Die meisten Nahrungstiere picken sie von der Wasseroberfläche ab.

1

2

3

4

1

2

3

4

Bruchwasserläufer

Tringa glareola

AUSSEHEN: 19–21 cm großer, graziler Watvogel; oberseits mit feinen Perlflecken, bauchseits weiß ①; Beine blass grünlich.
STIMME: Beim Auffliegen ein schneidendes »giff giff giff«; Balzgesang mit langen Strophen aus weichem »dlie dlie dlie«.
VORKOMMEN: Brütet in Mooren und Sümpfen Nordeuropas, in Deutschland nur noch vereinzelt; während des Durchzugs jedoch häufig anzutreffen, sowohl an der Küste wie auch im Binnenland; Winterquartiere im zentralen und südlichen Afrika.

TYPISCH
Im Flug zeigt der Bruchwasserläufer einen rechteckigen weißen Bürzel ②. Beim Grünschenkel ist der Bürzel zu einem weißen Rückenkeil verlängert ③.

NAHRUNG: Insekten und deren Larven, Würmer, Schnecken, Krebse.
BRUT: Nest gewöhnlich am Boden zwischen Zwergsträuchern; zumeist 4 Eier, Eifarbe blassgrün mit unregelmäßigen dunklen Flecken.
ÄHNLICHE ART: Der Grünschenkel *(Tringa nebularia)* ④ ähnelt in der Färbung dem Bruchwasserläufer, ist aber deutlich größer.

Alpenstrandläufer

Calidris alpina

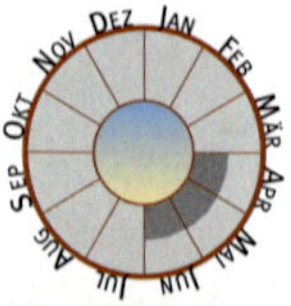

AUSSEHEN: 16–22 cm großer, sehr geselliger Watvogel; Oberseite im Sommer rotbraun ①, im Winter eher grau ④; Beine schwarz, ebenso der relativ kräftige, an der Spitze leicht nach unten gebogene Schnabel ②.
STIMME: Im Flug ein gepresstes, rollendes »trürrrr«, bei der Flugbalz trillernder Gesang, am Nest ein leises »wiwiwi« oder »weütt«.
VORKOMMEN: Brütet in der arktischen Tundra und in nordischen Gebirgen sowie auf Strandwiesen und Marschen der nordischen Meeresküsten, vereinzelt auch an der Nord- und Ostseeküste; zur Zugzeit (März bis Mai sowie Juli bis Anfang November) in oft riesigen Schwärmen im Wattenmeer. Während ein Teil der Vögel bei uns überwintert, zieht die Mehrzahl an die Küsten Westeuropas und des Mittelmeers.

TYPISCH
Beide Geschlechter des Alpenstrandläufers tragen im Sommer einen auffälligen schwarzen Bauchfleck ③.

NAHRUNG: Insekten, Wattwürmer, kleine Muscheln und Schnecken.
BRUT: Nest in dichter Bodenvegetation verborgen; 3–5 beigefarbene, braun gesprenkelte Eier. Die Jungen sind typische Nestflüchter.

1

2

3

4

1

2

3

4

Eisvogel

Alcedo atthis

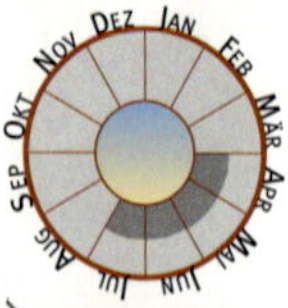

AUSSEHEN: 16–17 cm großer, gedrungen wirkender Vogel; Unterseite orangerot ④, Oberseite blau und türkisfarben mit metallischem Glanz ①; beim Weibchen Unterschnabel mehr oder weniger rot ③.

STIMME: Scharfes, durchdringendes »tiiiit«, bei Erregung zu lautem »titititititi« gesteigert.

VORKOMMEN: An Bächen und Flüssen mit klarem Wasser und steilen, vegetationsreichen Ufern, manchmal auch an Teichen oder Seen; einzelgängerisch; nirgendwo häufig.

NAHRUNG: Kleine Fische, die stoßtauchend erbeutet werden; auch Wasserinsekten und deren Larven, Kaulquappen, Kleinkrebse.

BRUT: Nest in einer selbst gegrabenen, bis zu 1 m langen, horizontalen Erdröhre im Steilufer; meist 2, manchmal sogar 3 Bruten im Jahr mit durchschnittlich 6–7 Eiern, die rein weiß sind.

TYPISCH

Eisvögel sitzen oft stundenlang auf Ästen oder Zweigen, die über das Wasser hängen, und lauern auf Beute. Typisch ist auch ihr geradliniger, pfeilschneller Flug, meist dicht über der Wasseroberfläche ②.

Wasseramsel

Cinclus cinclus

AUSSEHEN: Etwa 18 cm großer, gedrungener Singvogel mit kurzem Schwanz, der oft gestelzt wird ②; schokoladenbraunes Gefieder mit leuchtend weißem Kehl- und Brustlatz ①; Jungvögel mit graubraunem, stark gebändertem, geschuppt wirkendem Federkleid und hellerem, aber nicht deutlich abgegrenztem Brustlatz ③.

STIMME: Scharfes »zitt« oder raues »schrätt-schrätt«; Gesang rau zwitschernd und heiser schwätzend, von beiden Partnern vorgetragen, auch im Winter zu hören.

VORKOMMEN: In den Alpen und Mittelgebirgen verbreitet, im Norddeutschen Tiefland hingegen fehlend; an schnell fließenden, klaren Bächen und Flüssen bis in 2000 m Höhe.

NAHRUNG: Wasserinsekten und deren Larven, kleine Krebse, gelegentlich kleine Fische; auch schwimmend und sogar tauchend erbeutet.

BRUT: Großes, kugelförmiges Moosnest mit seitlichem Eingang ④, oft mehrere Jahre lang benutzt; 2 Bruten im Jahr mit 4–6 weißen Eiern.

TYPISCH

Häufig steht die Wasseramsel auf einem Stein mitten im Wasser. Dabei knickst sie regelmäßig.

1

2

3

4

1

2

3

4

Neuntöter | Rotrückenwürger

Lanius collurio

AUSSEHEN: Etwa 17 cm groß, mit schwarzem, hakenförmigem Schnabel ②; Männchen mit schwarzer Augenbinde und kräftig rotbraunem Rücken ①, die weißliche Unterseite wie rosa überpudert, Kopf und Bürzel hellgrau, Schwanz schwarz-weiß ③; Weibchen ④ und Jungvögel überwiegend braun mit hellerer Unterseite.
STIMME: Stoßartiges »dschä« oder stimmloses »trrt-trrt«, bei einer Störung am Nest hart »tek«; Gesang ein leises Schwätzen.
VORKOMMEN: In offenem, heckenreichem Gelände, vor allem in der Feldflur, an Waldrändern und auf Moor- und Heideflächen, jeweils mit einem reichen Bestand an Dorngebüsch; zieht zum Überwintern nach Ost- und Südafrika.
NAHRUNG: Große Insekten, kleine Frösche, Eidechsen, Mäuse, Jungvögel.
BRUT: Napfförmiges Nest, gewöhnlich niedrig in dichtem Dorngestrüpp; 4–6 Eier, die am stumpfen Pol einen Kranz brauner Flecken tragen.

TYPISCH
Der Neuntöter spießt seine Beutetiere häufig auf Dornen auf, was der Vorratshaltung ebenso dient wie als Hilfe beim Zerkleinern der Beute.

Raubwürger

Lanius excubitor

AUSSEHEN: Etwa 24 cm großer, schwarzweißer Singvogel mit silbergrauer Oberseite ②, schwarzer Augenmaske und Hakenschnabel ①; Jungvögel graubraun mit leichter Wellenzeichnung auf der Unterseite ③.
STIMME: Bei einer Störung am Nest harte »wäd wäd«-Rufe; Gesang aus langen Pfeiflauten und rauen, schwätzenden Tönen.
VORKOMMEN: In offenen Landschaften mit Baumgruppen und Buschwerk, auch in alten Obstgärten; weit verbreitet, aber nirgendwo häufig. Viele harren auch im Winter bei uns aus, bekommen dann sogar noch Zuzug aus nordöstlichen Brutgebieten.
NAHRUNG: Großinsekten, Mäuse, Kleinvögel bis Ammerngröße, Eidechsen; große Beute wird auf Dornen oder spitze Ästchen gespießt oder in Zweiggabeln geklemmt, um sie leichter zerteilen zu können ④.
BRUT: Nest meist hoch in einzeln stehenden Bäumen oder Büschen; 5–6 weißliche Eier, die mit groben, braunen Flecken dicht übersät sind.

TYPISCH
Von einer hohen Warte aus oder im Rüttelflug hält der Raubwürger nach Beute Ausschau, die er dann nach Art der Raubvögel im Sturzflug angreift.

1

2

3

4

1

2

3

4

Buntspecht

Dendrocopos major

Aussehen: 22–23 cm großer Specht mit schwarz-weiß-rotem Federkleid; kennzeichnende große weiße Schulterflecken ② und ein leuchtend roter Steiß; Männchen ① mit scharlachrotem Nackenfleck, Weibchen ④ am Kopf ohne Rot; Jungvögel beiderlei Geschlechts mit rotem Scheitel ③.
Stimme: Metallisch klingende »kick«-Rufe, bei Beunruhigung in schneller Folge wiederholt; im Frühjahr Verfolgungsflüge der Partner eines Brutpaars mit heiserem »rärärä ...«.
Vorkommen: In Wäldern aller Art, auch oft in Parks und Gärten mit höheren Bäumen, selbst mitten in der Großstadt; häufig.
Nahrung: Im Holz lebende Insekten und deren Larven, auch Baumsaft sowie Eier und Nestlinge anderer Vögel; im Winter vor allem Baumsamen.
Brut: Die Brutpartner zimmern gemeinsam jedes Jahr eine neue Bruthöhle; meist 5–7 weiße Eier; Jungenaufzucht durch beide Eltern.

Typisch

Die Trommelwirbel, die beide Geschlechter zur Markierung ihres Reviers hören lassen, sind kurz und jeweils am Anfang betont.

Mittelspecht

Dendrocopos medius

Aussehen: Mit 20–22 cm Größe nur wenig kleiner als der Buntspecht; oberseits kontrastreich schwarz-weiß, die weiße Unterseite fein gestrichelt ①, Steiß zartrosa ②.
Stimme: Einzelne, recht leise »kük«-Rufe, gelegentlich in sich beschleunigenden Reihen; Reviergesang aus nasalen, quäkenden Lauten; trommelt nur selten.
Vorkommen: In Laub- und Laubmischwäldern, vorzugsweise mit Eichen und Hainbuchen, auch in Parks und großen Gärten mit entsprechenden Bäumen; in Mitteleuropa nur im Tiefland, fehlt im Gebirge.
Nahrung: Insekten, die von Blättern und Zweigen gepickt, seltener auch aus dem Holz gehackt werden; im Winter auch Baumsamen.
Brut: Bruthöhle in morschen Baumstämmen; 5–6 weiße Eier.
Ähnliche Art: Beim nur 15 cm großen Kleinspecht *(Dendrocopos minor)* trägt lediglich das Männchen ④ eine rote Kappe. Das Weibchen ③ hat keinerlei Rot im Gefieder, dafür einen ockergelben Scheitel.

Typisch

Anders als der ähnliche Buntspecht hat der Mittelspecht nicht nur einen roten Nacken, sondern einen vollständig roten Scheitel.

1

2

3

4

1

2

3

4

Dreizehenspecht

Picoides tridactylus

AUSSEHEN: Das schwarz-weiße Federkleid des knapp 22 cm großen Spechts ist lebhaft gemustert. Auf dem Rücken zieht sich ein breiter weißer Streifen vom Nacken bis zum Bürzel ③. Das Männchen ① trägt einen gelben Scheitelfleck, der dem Weibchen ② fehlt. Namengebendes Merkmal sind die Füße mit nur drei statt der üblichen vier Zehen.
STIMME: Weiche, gedämpfte »ügg«-Rufe, nur selten zu hören; häufig hingegen ratterndes Trommeln mit langen Schlagfolgen.

TYPISCH
Um an den begehrten Baumsaft zu gelangen, schlägt der Dreizehenspecht enge Löcherreihen in die Rinde von Nadelbäumen ④.

VORKOMMEN: Brutvogel nördlicher Breiten, in Deutschland nur in den Alpen, im Bayerischen Wald und im Schwarzwald; bewohnt vorzugsweise Fichtenwälder in Höhenlagen zwischen 800 und 1700 m.
NAHRUNG: Im Holz und unter der Borke lebende Insekten und Larven, im Frühsommer außerdem gern Baumsaft.
BRUT: Zimmert jedes Jahr eine neue Baumhöhle; 3–4 weiße Eier.

Wendehals

Jynx torquilla

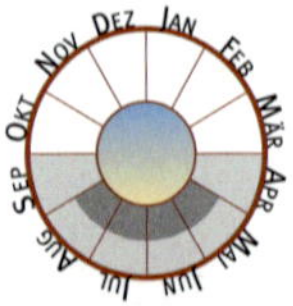

AUSSEHEN: Der 16–17 cm große Wendehals ist ein Specht, obgleich er mit seinem relativ kurzen Schnabel ② und der braunen Färbung eher wie ein Singvogel aussieht. Gefieder rindenartig gezeichnet ①, am Rücken ein schwarzbrauner Längsstreif ③.
STIMME: Laute, etwas kläglich klingende, am Ende anschwellende »gjägjägjä …«-Reihen; manchmal auch zischendes »gschrih«.

TYPISCH
Während der Balz, aber auch bei Gefahr beugt der Vogel den Kopf weit nach hinten; gleichzeitig wendet er den Hals von einer Seite zur anderen und zischt dabei.

VORKOMMEN: Bei uns zwar verbreitet, aber nirgendwo häufig; bewohnt einzelgängerisch lichte Laubwälder, Feldgehölze, Alleen, Obstgärten, Friedhöfe, Parks und Gärten mit alten Laubbäumen; überwintert im tropischen West- und Zentralafrika.
NAHRUNG: In erster Linie Ameisenpuppen, die am Boden gesammelt werden; gelegentlich auch andere kleine Insekten und deren Larven.
BRUT: Die 6–10 weißen Eier werden ohne Nistmaterial in Baumhöhlen ④ (alte, verlassene Spechthöhlen) oder auch Nistkästen gelegt.

1

2

3

4

1

2

3

4

Rotdrossel

Turdus iliacus

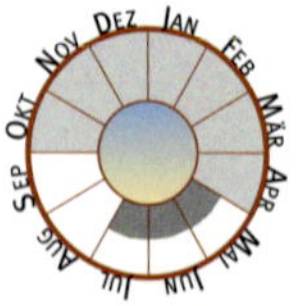

AUSSEHEN: Rund 21 cm groß, mit rostbraunen Flanken und einem auffälligen, gelblich weißen Überaugenstreif ①; schwarze Flecken auf der hellen Brust mehr oder weniger deutlich in Längsstreifen angeordnet ④; im Flug rotbraune Flügelunterseiten sichtbar ③.
STIMME: Flugruf ein hohes, gedehntes, etwas heiseres »zjieh«; Lied eine abfallende Reihe von Flötentönen mit gepresstem Zwitschern.
VORKOMMEN: Brutvogel nordischer Taigawälder, bei uns regelmäßig Durchzügler und Wintergast; dann zur Nahrungssuche vor allem auf Wiesengelände sowie in Gärten und Parks mit Beerensträuchern.
NAHRUNG: Im Herbst und Winter vor allem Beeren ②, aber auch Kleintiere wie Würmer oder Schnecken.
BRUT: Stabiles Nest im niedrigen Geäst von Bäumen oder Sträuchern, manchmal auch am Boden; 5–6 fein rötlich braun gezeichnete Eier.

TYPISCH

In windstillen Nächten im Oktober ebenso wie im März/April kann man oft die typischen Flugrufe von durchziehenden Rotdrosseln hören.

Singdrossel

Turdus philomelos

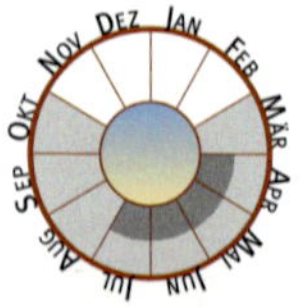

AUSSEHEN: Etwa 23 cm große Drossel; Oberseite dunkelbraun, Unterseite rahmweiß mit zahlreichen dunklen Punktflecken ①; Gesicht ohne deutlichen Überaugenstreif ③.
STIMME: Im Flug häufig ein kurzes, scharfes »zipp«, bei Gefahr durchdringendes Zetern; Gesang weithin schallend, aus vielen verschiedenen Motiven, wird morgens und abends von der Spitze eines hohen Baums oder einer anderen hohen Warte aus vorgetragen.
VORKOMMEN: In unterholzreichen Wäldern und Feldgehölzen, häufig auch in Gärten und Parks; im Gebirge bis in über 2000 m Höhe; zieht zum Überwintern nach Westeuropa oder in den Mittelmeerraum.
NAHRUNG: Im Frühling vor allem Regenwürmer, im Sommer Raupen, im Herbst Beeren und Obst, das ganze Jahr über Gehäuseschnecken ④.
BRUT: Stabiles, napfförmiges Nest, häufig in Jungfichten dicht am Stamm; 2 Bruten im Jahr mit je 4–6 türkisfarbenen Eiern (S. 23).

TYPISCH

Bei einer fliegenden Singdrossel ist ein rostgelbes Feld auf der Flügelunterseite zu sehen ②. Im Gegensatz zur Misteldrossel (S. 122) ist ihr Flug relativ geradlinig.

1

2

3

4

1

2

3

4

Amsel

Turdus merula

AUSSEHEN: Etwa 25 cm groß; Männchen mit kohlschwarzem Federkleid, gelbem Schnabel und gelbem Augenring ①, Weibchen einheitlich dunkelbraun ②; Jungvögel heller braun und kräftig gefleckt ③; in Städten nicht selten Teilalbinos mit mehr oder weniger ausgedehnten weißen Gefiederpartien ④.
STIMME: Als Ruf ein scharfes »tjock« oder »tix tix«, bei Erregung gellendes Zetern; Gesang sehr melodisch und abwechslungsreich.
VORKOMMEN: Überwiegend in Parks und Gärten, selbst mitten in der Großstadt.
NAHRUNG: Regenwürmer, Schnecken und Insekten; im Herbst auch Beeren und Obst.
BRUT: Nest mit Lehm stabilisiert, in Sträuchern und Hecken, aber auch an Gebäuden, z. B. in Spalieren oder auf Balkonen; 2–3 Bruten im Jahr mit 3–5 blaugrünen Eiern, die eine feine, braune Sprenkelung aufweisen (S. 23).

TYPISCH

Das laute, melodische Lied der Amsel ertönt schon im Spätwinter. Es wird in der Morgendämmerung von hohen Warten aus, z. B. Baumspitzen, Hausdächern oder Fernsehantennen, vorgetragen.

Star

Sturnus vulgaris

AUSSEHEN: Etwa 21 cm groß; Gefieder schwarz mit feinen weißen Tupfen, beim Männchen zur Brutzeit mit violettem und grünem Metallglanz ①; nach der Mauser im Herbst besonders dicht mit Tupfen übersät (»Perlstar«) ④; Jungvögel noch braun ②.
STIMME: Heisere »rräh«-Rufe, bei Gefahr ein hartes »pett pett«; als Gesang ein anhaltendes Schwätzen, durchmischt mit pfeifenden und schnalzenden Lauten. Beim Singen rudert ein Star heftig mit den Flügeln ③.
VORKOMMEN: In Laub- und Mischwäldern, Feldgehölzen, Parks und Gärten; außer im Gebirge überall häufig, außerhalb der Brutzeit oft in großen Schwärmen; überwintert größtenteils in Südeuropa, vereinzelt auch bei uns.
NAHRUNG: Insekten, Würmer, Schnecken, ebenso Beeren und Obst.
BRUT: Nest in Baum-, Mauer- oder Felshöhlen, auch gern in Nistkästen; 1–2 Bruten im Jahr mit 4–7 türkisgrünen bis hellblauen Eiern.

TYPISCH

Den Star erkennt man am Boden leicht an seinem wackelnden Trippelgang. Dadurch unterscheidet er sich deutlich von der Amsel, die am Boden beidbeinig hüpft.

1

2

3

4

1

2

3

4

Rohrammer

Emberiza schoeniclus

Aussehen: Gut 15 cm groß; Männchen im Prachtkleid mit schwarzem Kopf, von dem sich ein weißes Halsband und weiße Bartstreifen abheben ①; nach der Herbstmauser dem Weibchen ② recht ähnlich, Kopf braun mit dunklem Bartstreif auf weißer Kehle ③.

Stimme: Häufigster Ruf ein scharfes, abwärts gezogenes »zieh«, daneben auch tschilpende Rufe; Reviergesang aus kurzen, stammelnden Strophen wie »zje zje zje tui zirri«.

Typisch

Rohrammern zucken häufig mit dem Schwanz, wobei man dann dessen weiße Ränder deutlich sieht ④.

Vorkommen: In Schilf- und Großseggengebieten, z. B. in Verlandungszonen von Teichen und Seen, an Flussufern oder in Sümpfen; größtenteils Kurzstreckenzieher, nur in sehr milden Gebieten ganzjährig bei uns.

Nahrung: Samen, vorzugsweise von Gräsern, aber auch Insekten.

Brut: Nest meist am Boden, in hohen Grasbüscheln versteckt; 2 Bruten im Jahr mit 5–6 blass lilafarbenen oder bräunlichen Eiern, die dicht mit violetten oder schwarzen Klecksen oder Kritzeln überzogen sind.

Goldammer

Emberiza citrinella

Aussehen: Gut 15 cm großer, relativ langschwänziger Singvogel; Männchen vor allem zur Brutzeit an Kopf und Brust leuchtend kanariengelb ①, im Schlichtkleid ③ das Gelb weitgehend durch olivgrüne Federränder verdeckt; Weibchen matter gelblich, an Kopf und Brust stärker gestrichelt ④.

Stimme: Rufe wie »zrik«, »tzü« oder »zürr«; Gesangsstrophen aus einer Reihe gleich bleibend hoher Töne mit einem gedehnten Schlusston, etwa wie »zi-zi-zi-zi-zi-düüh«.

Typisch

Wenn eine Goldammer auffliegt, fallen der rostbraune Bürzel sowie die leuchtend weißen Schwanzkanten auf ②.

Vorkommen: In kleinräumiger Feldflur mit Hecken und Gehölzen, auch an Waldsäumen, ebenso in Parks und Gärten am Siedlungsrand.

Nahrung: Sämereien, Knospen und andere grüne Pflanzenteile, im Sommer auch viele Insekten.

Brut: Napfförmiges Nest aus Stängeln, Blättern und Moos, bodennah im Gebüsch versteckt; 2 Bruten im Jahr mit jeweils 3–5 fein grau oder dunkelrot gestrichelten Eiern.

1

2

3

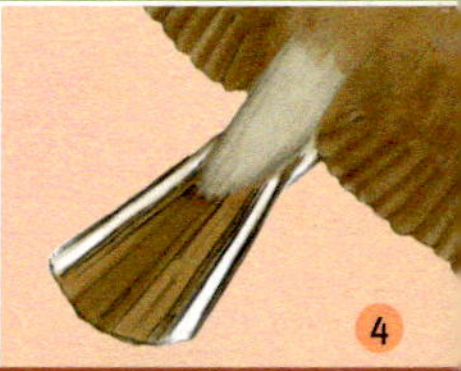
4

1

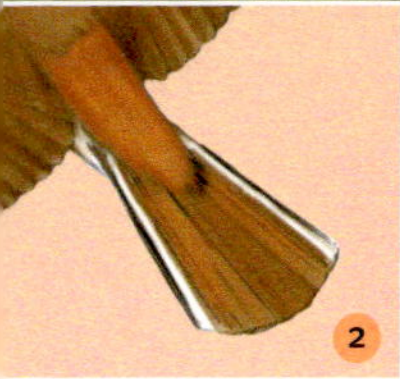
2

3

4

Gimpel | Dompfaff

Pyrrhula pyrrhula

Aussehen: Mit 16 cm kaum länger als ein Haussperling, durch seine plumpe Gestalt aber wesentlich größer wirkend; Männchen mit leuchtend roter Unterseite, schwarz-weiß-grauer Oberseite und schwarzer Kopfkappe ①; Weibchen unterseits matt rötlich braun ④; Jungvögel noch ohne Kopfkappe ③.

Stimme: Weich und melancholisch klingt das »djü« oder »jüp« des Gimpels. Der Gesang, ein zwitscherndes Geplauder, gemischt mit gequetschten und flötenden Tönen, wird leise und unauffällig vorgetragen.

Typisch

Bei einem fliegenden Gimpel sticht einem vor allem der leuchtend weiße Bürzel ins Auge ②.

Vorkommen: Vom Tiefland bis ins Gebirge verbreitet und häufig; in Nadel- und Mischwald, Feldgehölzen und Hecken, Parks und Gärten.

Nahrung: Knospen, Samen und Beeren, zur Brutzeit auch Insekten.

Brut: Lockeres Nest aus Zweigen und Moos, in dichten Büschen und Nadelbäumen versteckt; gewöhnlich 2 Bruten im Jahr mit jeweils 4–6 hellblauen, dunkel gefleckten Eiern. Gimpelpaare leben in Einehe.

Kernbeißer

Coccothraustes coccothraustes

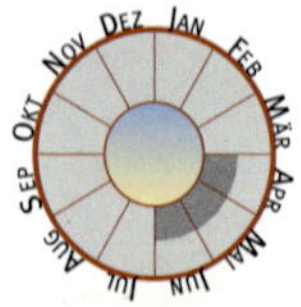

Aussehen: 18 cm großer Singvogel in Zimtbraun, Schwarz und Weiß mit extrem dickem Schnabel, der im Sommer blaugrau ①, im Winter hornfarben ist; im Flug breiter, weißer Flügelstreif und weißer Steiß auffallend ②.

Stimme: Es sind meist die kurzen, scharfen »zicks«- oder »zittit«-Rufe, die den unauffällig in den Baumkronen lebenden Vogel verraten. Der stammelnde Gesang aus Rufvariationen und nasalen Lauten ist selten zu hören.

Typisch

Dank seines klobigen Schnabels kann der Kernbeißer kaum mit einem anderen heimischen Vogel verwechselt werden.

Vorkommen: In Laub- und Mischwäldern, aber auch in vielen Parks und Gärten mit großen, alten Laubbäumen.

Nahrung: Samen von Laubbäumen, vor allem von Hainbuche und Ahorn.

Brut: Großes Nest aus Zweigen, Halmen und feinen Wurzeln, hoch oben in Laubbäumen; 4–6 bräunlich graue, dunkel gemusterte Eier.

Ähnliche Art: Auch der Fichtenkreuzschnabel *(Loxia curvirostra)* hat einen sehr kräftigen Schnabel, dessen Spitzen sich aber deutlich überkreuzen. Das Männchen ist rot ④, das Weibchen gelbgrün ③ gefärbt.

1

2

3

4

1

2

3

4

Ziegenmelker | Nachtschwalbe

Caprimulgus europaeus

AUSSEHEN: Etwa 25 cm großer, dämmerungs- und nachtaktiver Vogel mit rindenfarbenem Gefieder ①; Schnabel winzig klein ④; Flügel lang, beim Männchen mit weißen Flecken ②, die beim Weibchen fehlen ③.
STIMME: Bei der Balz lässt das Männchen stundenlang von einer erhöhten Warte aus ein auf- und abschwellendes Schnurren hören. Flugruf ein kurzes »ku-ik«.
VORKOMMEN: Nur in trockenwarmen Gebieten des Tieflands, bevorzugt am Rand von Kiefernwäldern mit angrenzenden Heideflächen; überwintert in Afrika.
NAHRUNG: Nachtaktive Insekten, die im Flug gefangen werden.
BRUT: Die jeweils 2 stark gefleckten Eier werden ohne Nest auf eine von hoher Vegetation freie Bodenstelle gelegt. Die Küken bleiben auf der Stelle hocken, obwohl sie gleich nach dem Schlüpfen laufen können.

TYPISCH

Scheucht man den Ziegenmelker tagsüber von seinem Ruheplatz auf, fliegt er meist nur ein ganz kurzes Stück, um sich sogleich wieder auf einem Ast niederzulassen.

Mauersegler

Apus apus

AUSSEHEN: Gut 16 cm großer, schwalbenähnlicher Vogel mit schmalen, sichelförmigen Flügeln ④, die im Sitzen den gegabelten Schwanz weit überragen ③; abgesehen von einem weißlichen Fleck an Kinn und Kehle ② gänzlich schwarzbraun ①; Jungvögel leicht gefleckt.
STIMME: Die hohen, schrillen »srieh«-Rufe der geselligen Vögel sind häufig zu hören.
VORKOMMEN: Brütet bei uns regelmäßig in Städten und Dörfern, fliegt zur Nahrungssuche aber auch oft über der freien Landschaft; überwintert im tropischen Afrika.
NAHRUNG: Kleine, fliegende Insekten.
BRUT: Nester in Kolonien in hoch gelegenen Felsspalten bzw. Mauernischen und Hohlräumen unter Dächern; 2–3 weiße Eier; Brüten und Jungenaufzucht durch beide Elternvögel.
BESONDERES: Außer wenn sie brüten oder Junge versorgen, sind Mauersegler praktisch ständig in der Luft – sogar wenn sie schlafen.

TYPISCH

Der Mauersegler ist ein rasanter Flieger, der mit schnellen, flachen Flügelschlägen durch die Luft schießt. Im Gegensatz zu Schwalben legt er im Flug die Flügel nie an den Körper an.

1

2

3

4

1

2

3

4

Steinkauz

Athene noctua

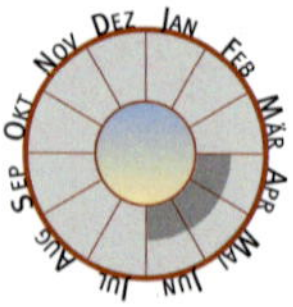

AUSSEHEN: 21–23 cm groß, gedrungen und kurzschwänzig; dunkelbraun mit dichtem weißem Tupfenmuster ①; Augen schwefelgelb; Jungvögel blasser braun ②.
STIMME: Reviergesang ein lang gezogenes »huuuui« oder »kwiau«, Warnruf kurz »kju« oder »quiep«; bei Störung am Nest bellendes »kiff kiffkiff« und lautes Schnabelklappen.
VORKOMMEN: Vielerorts selten geworden; vorzugsweise in offenen Kulturlandschaften des Tieflands mit eingestreuten Gehölzen.
NAHRUNG: Vorwiegend Mäuse, aber auch Kleinvögel, Frösche, Eidechsen, große Insekten, Spinnen, Regenwürmer.
BRUT: 3–5 weiße Eier, werden in Baumhöhlen oder Mauernischen gelegt.
ÄHNLICHE ART: Der Raufußkauz *(Aegolius funereus)* ④ ist ausgeprägt nachtaktiv und versteckt sich tagsüber meist in dichten Nadelbäumen. Sein runder Gesichtsschleier ist über den Augen hochgezogen ③.

TYPISCH
Wenngleich überwiegend dämmerungsaktiv, ist der Steinkauz doch auch häufig bei Tage zu sehen. Bei Erregung zeigt er ein auffälliges Knicksen.

Sperlingskauz

Glaucidium passerinum

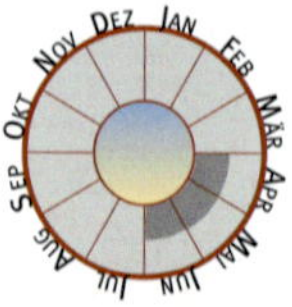

AUSSEHEN: Mit 16–18 cm Größe die kleinste Eulenart Europas; rundlich wirkend; relativ kleine, gelbe Augen; Oberseite schokoladenbraun mit weißem Tupfenmuster ①, Unterseite weiß mit Reihen dunkler Flecken ②.
STIMME: Reviergesang aus einer Reihe von Pfeiftönen wie »ühb ühb«, auch vibrierend »ühb ü-ü-ü-ü-ü …«, im Herbst wie im Frühjahr meist abends, manchmal auch tagsüber zu hören; im Herbst zusätzlich eine spezielle Lautfolge wie eine ansteigende Tonleiter.
VORKOMMEN: In Nadel- und Mischwäldern in den Alpen und höheren Mittelgebirgen.
NAHRUNG: Überwiegend Mäuse, daneben aber auch Kleinvögel.
BRUT: 3–7 weiße Eier; gewöhnlich alte Spechthöhlen als Brutquartier ④.
BESONDERES: Der dämmerungs- und tagaktive Sperlingskauz schlägt Vögel bis zur eigenen Körpergröße, am Boden wie auch im Flug. Beuteüberschuss deponiert er oft als Vorrat in Spechthöhlen.

TYPISCH
In der Morgen- und Abenddämmerung sitzt der kleine Kauz gern auf der Spitze eines Nadelbaums und pfeift lauthals. Bei Erregung stellt er das kurze Schwänzchen auf ③.

1

2

3

4

1

2

3

4

Goldregenpfeifer

Pluvialis apricaria

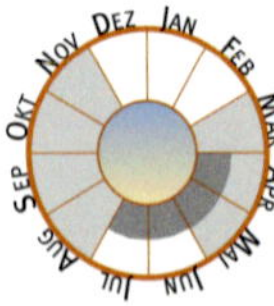

AUSSEHEN: Rund 28 cm großer, geselliger Watvogel; Oberseite dunkelbraun mit goldgelber Fleckung; Gesicht und Unterseite im Prachtkleid meist durchgehend schwarz ③, manchmal im Halsbereich fleckig ①, im Schlichtkleid schmutzig weiß ④.

STIMME: Weiche, flötende »dlüh«-Rufe, bei Erregung zweisilbig »tlü-i«. Bei der Balz trägt das Männchen im Singflug vielsilbige Strophen vor, etwa wie »tü-tü-tüdiu-tüdiu«.

TYPISCH

Ein fliegender Goldregenpfeifer zeigt seine hellen Flügelunterseiten und leuchtend weißen Achseln ②.

VORKOMMEN: Typischer Brutvogel des hohen Nordens, in Mitteleuropa nur wenige Brutpaare in Niedersachsen; im Frühling und Herbst aber vielfach als Durchzügler hier, an der Nord- und Ostseeküste oft in großen Scharen, im Binnenland meist in kleineren Trupps.

NAHRUNG: Insekten und Larven, Spinnen, Schnecken, auch Beeren.

BRUT: Die 3–4 hellbraunen, dunkel gefleckten Eier werden in eine Mulde in der Bodenvegetation gelegt. Die Jungen sind Nestflüchter.

Kiebitz

Vanellus vanellus

AUSSEHEN: Etwa 30 cm großer, geselliger Watvogel; aus der Entfernung schwarz-weiß wirkend, aus der Nähe grünmetallisch glänzend, beim Fliegen zimtfarbener Steiß sichtbar ②; Männchen im Prachtkleid mit langem Federschopf und schwarzer Kehle ①; beide Geschlechter im Schlichtkleid mit weißer Kehle ④; Weibchen mit kürzerem ④, Jungvogel noch mit ganz kurzem Schopf ③.

STIMME: Zweisilbiger, kläglich klingender Ruf wie »kie-witt«; während der Schauflüge des Männchens »witt witt witt kchiuwitt«.

TYPISCH

Kiebitzmännchen führen spektakuläre Schauflüge mit Sturzflügen und wildem Torkeln auf, um ihr Brutrevier zu markieren und um Weibchen anzulocken.

VORKOMMEN: Im Tiefland auf Verlandungsflächen, Mooren, kurzrasigen Wiesen und landwirtschaftlichen Flächen verbreitet; weicht bei Kälteeinbrüchen nach Süden aus, in milden Wintern ganzjährig im Lande.

NAHRUNG: Insekten, Regenwürmer, Schnecken.

BRUT: Die zumeist 4 Eier sind olivbraun mit schwarzen Flecken. Sie werden in eine Bodenmulde gelegt. Die Jungen sind typische Nestflüchter.

1

2

3

4

1

2

3

4

Wiedehopf

Upupa epops

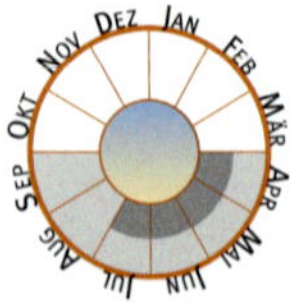

Aussehen: Etwa 28 cm groß, kurzbeinig; Kopf mit verlängertem Federschopf ④, der zu einer Fächerhaube mit schwarzen Spitzen aufrichtbar ist ①; schwarz-weiße Querbänderung auf Flügel, Rücken und Schwanz ②, ansonsten blass zimtbraunes Gefieder.
Stimme: Der weit tragende, dreisilbige Ruf des Wiedehopfs klingt wie ein dumpfes »bub-bub-bub«. Erregung äußert er durch ein krächzendes »chrääa«.
Vorkommen: In lichten Wäldern, Parklandschaften und offenem Kulturland; brütet nur vereinzelt bei uns, überwintert in Afrika.
Nahrung: Große Insekten, Schnecken, Würmer, gelegentlich Frösche oder Eidechsen.
Brut: Nest mit 5–8 weißen Eiern, meist in einer Baumhöhle ③, ersatzweise auch in einer Fels- oder Mauernische oder einer Erdhöhle.

Typisch

Der Flug des Wiedehopfs ähnelt durch den unregelmäßigen Flügelschlag dem Flattern von Schmetterlingen. Beim Landen stellt der Vogel ebenso wie bei Erregung seine Federhaube auf ①.

Kuckuck

Cuculus canorus

Aussehen: 32 – 34 cm groß, langschwänzig; Oberseite grau ①, besonders bei Weibchen gelegentlich auch rotbraun ③; Unterseite eng gebändert, an einen Sperber erinnernd.
Stimme: Der Reviergesang des Männchens ist der allbekannte Kuckucksruf. Vom Weibchen hört man zur Brutzeit lautes Trillern; der durchdringende Bettelruf des Jungvogels klingt wie »srie srie …«.
Vorkommen: Insbesondere in halboffenen, abwechslungsreichen Landschaften mit vielen Singvögeln, auch in großen Parks; überwintert im tropischen Afrika.
Nahrung: Vorwiegend Raupen, auch stark behaarte, die von vielen anderen Vögeln verschmäht werden; daneben auch große Insekten.
Brut: Der Kuckuck ist ein Brutschmarotzer, der jährlich bis zu 20 Eier einzeln in die Nester verschiedener Singvogelarten legt und von den Wirtsvögeln ausbrüten und großziehen lässt ④.

Typisch

Das Flugbild eines Kuckucks ähnelt dem eines Greifvogels. Lange, schmale, sehr spitze Flügel und ein langer Schwanz prägen die Silhouette ②.

1

2

3

4

1

2

3

4

Waldschnepfe

Scolopax rusticola

Aussehen: 32–34 cm groß, gedrungen, langschnäbelig ②; Gefieder hell- und dunkelbraun gemustert, erinnert an Laubstreu ④.
Stimme: Bei Balzflügen des Männchens ein dumpfes »uorr uorr uorr«, dem ein helles, spitzes »psiwick psiwick« folgt; außerhalb der Brutzeit nur selten zu hören.
Vorkommen: In feuchtem Laub- und Mischwald mit krautreichen Lichtungen, im Flachland ebenso wie im Gebirge bis hinauf zur Baumgrenze; überwintert teils im Mittelmeerraum, teils bei uns.
Nahrung: Würmer, Insekten, Larven, Spinnen, Tausendfüßer und andere Bodentiere, die mit dem Schnabel aus dem Waldboden gestochert werden ①.
Brut: Nest eine flache, mit Laub ausgelegte Bodenmulde; 3–5 rahmfarbene Eier mit rostbrauner Sprenkelung; die Küken sind Nestflüchter.

Typisch

Aufgescheucht fliegt eine Waldschnepfe mit klatschenden Flügelschlägen und in einem merkwürdigen Zickzackflug niedrig über dem Boden davon, wobei ihr rotbrauner Bürzel auffällt ③.

Bekassine

Gallinago gallinago

Aussehen: Etwa 27 cm großer Watvogel mit sehr langem, geradem Schnabel ①; Rücken braun gesprenkelt mit weißlichen Längsstreifen, Kopf mit markanter Hell-Dunkel-Streifung, Schwanz weiß gesäumt ②.
Stimme: Balzrufe monoton und uhrwerkartig, etwa wie »tücke tücke tücke«.
Vorkommen: In Mooren, Sümpfen und Verlandungsflächen an Fluss- und Seeufern. Wenngleich unsere häufigste Schnepfenart, ist sie wegen ihrer heimlichen Lebensweise selten zu beobachten; Kurzstreckenzieher.
Nahrung: Würmer, Schnecken, Kleinkrebse, Insekten und Insektenlarven.
Brut: 3–5 olivbraune Eier mit dunklen Flecken, werden in eine Bodenmulde in der dichten Vegetation gelegt. Die Jungen sind Nestflüchter.
Ähnliche Art: Die kleinere Zwergschnepfe *(Lymnocryptes minimus)* ④ hat einen kürzeren Schnabel ③ und breite gelbliche Rückenstreifen.

Typisch

Bei Gefahr drückt sich die Bekassine zunächst reglos auf den Boden. Erst im letzten Moment fliegt sie auf, wobei sie ein charakteristisches »ätsch ätsch« ausstößt und im Zickzackflug abstreicht.

1

2

3

4

1

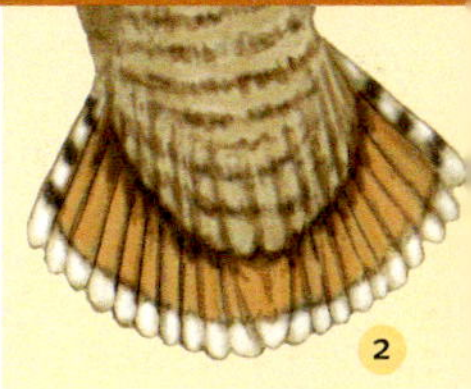
2

3

4

Rotschenkel

Tringa totanus

Aussehen: Etwa 28 cm großer, schlanker Watvogel mit langen, leuchtend roten Beinen und roter Schnabelbasis; Gefieder graubraun, im Sommer mit stärkerer dunkler Sprenkelung ① als im winterlichen Schlichtkleid ③.
Stimme: Typischer Ruf ein zwei- oder dreisilbiges, melodisches »djü-ü« bzw. »djü-ü-ü«; bei Erregung ein gellendes »gjib gjib«.
Vorkommen: Brütet in Sumpfwiesen, nassen Hochmooren und Marschwiesen in Küstennähe, zuweilen auch im norddeutschen Binnenland; außerhalb der Brutzeit meist im Wattenmeer, auf dem Durchzug auch an See- und Flussufern; überwintert teils im Watt, teils in Südeuropa.
Nahrung: Insekten, deren Larven und Regenwürmer, die er aus dem Schlamm herausstochert ④; auch Kaulquappen und kleine Frösche.
Brut: Bodennest, in dichter Vegetation versteckt; 3–5 braune Eier mit schwarzen Flecken. Beide Eltern führen die Küken, die Nestflüchter sind.

Typisch
Im Flug sind die breiten, weißen Flügelhinterränder sowie der weiße Bürzel des Rotschenkels sichtbar ②.

Kampfläufer

Philomachus pugnax

Aussehen: Männchen rund 30 cm groß, im Prachtkleid mit nacktem, gelbem Gesicht und dicker Halskrause sowie Kopfbüscheln, deren Farbe von Weiß ③ über Rostrot ① bis Schwarz variiert; Weibchen nur 20–25 cm groß, ganzjährig unscheinbar sandfarben ②.
Stimme: Im Flug gelegentliche »krü«- oder »gä«-Rufe, sonst meist stumm.
Vorkommen: Brütet bei uns nur in Norddeutschland, auf Feuchtwiesen, in Mooren, Heiden und Dünengelände; überwintert teils an den Küsten West- und Südeuropas, teils in Südafrika oder Südasien.
Nahrung: Insekten, Würmer und Schnecken.
Brut: Bodennest, in der Vegetation gut versteckt; zumeist 4 Eier, die eine starke dunkelbraune Sprenkelung tragen; die Jungen sind Nestflüchter.
Besonderes: Ab Ende März versammeln sich die Männchen auf traditionellen Balzplätzen, wo sie durch Schaukämpfe mit wild gesträubtem Gefieder ④ versuchen, paarungsbereite Weibchen anzulocken.

Typisch
Bereits ab Juni verlieren die Männchen ihre auffälligen Halskrausen wieder. Im Schlichtkleid ähneln sie dann den Weibchen ②.

1

2

3

4

1

2

3

4

Zwergtaucher

Tachybaptus ruficollis

Aussehen: Gut 25 cm groß, rundlich wirkend; im Sommer oberseits dunkelbraun bis schwarz, an Wangen, Kehle und Halsvorderseite kräftig rotbraun ①, am Schnabelwinkel ein leuchtend grünlich gelber Fleck ③; Schlichtkleid unscheinbar graubraun ②.
Stimme: Kontaktruf ein hell pfeifendes »viit viit« oder dünnes »bi-ib«; zur Balzzeit lange vibrierende Triller, oft von Männchen und Weibchen im Duett vorgetragen.

Typisch
Fühlt sich der Zwergtaucher beunruhigt, lässt er sich tief, oft bis zum Hals, ins Wasser sinken ④.

Vorkommen: Im Sommer auf dicht bewachsenen Teichen, langsam fließenden Flüssen und in Verlandungszonen von Seen; im Winter oft auf freien Wasserflächen von Seen und Flüssen, sogar mitten in der Stadt.
Nahrung: Wasserinsekten, Schnecken, kleine Krebstiere und Kaulquappen, die überwiegend tauchend erbeutet werden.
Brut: Nest im Wasser (S. 21), in dichter Vegetation; meist 2, manchmal 3 Bruten im Jahr mit je 4–6 weißen Eiern; die Jungen sind Nestflüchter.

Wasserralle

Rallus aquaticus

Aussehen: 22–28 cm groß; an Kopfseiten, Kehle, Brust und Bauch einfarbig schiefergrau, Flanken schwarz-weiß gebändert ①, Schwanzunterseite cremeweiß ②, Schnabel und Augen rot; Jungvögel ④ im ersten Jahr noch ohne Grau, Schnabel und Augen braun.
Stimme: Die sehr ruffreudigen Vögel geben oft ein gellendes Quieken von sich, auch an leises Grunzen, Wimmern, Stöhnen oder Gemurmel erinnernde Töne sind zu hören. In Frühlingsnächten erklingen die Balzrufe des Männchens wie ein gleichmäßig hämmerndes »tük tük tük tük«.

Typisch
Wasserrallen fliehen bei einer Störung meist laufend. Wenn sie doch für ein kurzes Stück auffliegen, wirkt ihr flatternder Flug, bei dem die langen Beine herabhängen, schwerfällig ③.

Vorkommen: Einzelgängerisch in Schilfgürteln an Seen und Flüssen, auch an dicht bewachsenen Teichufern und Grabenrändern; überwintert teils bei uns, teils in Südeuropa.
Nahrung: Wasserinsekten, Larven, Kaulquappen, Würmer, Schnecken.
Brut: Nest in dichter Ufervegetation; 6–10 braun gesprenkelte Eier.

1

2

3

4

1

2

3

4

Teichhuhn

Gallinula chloropus

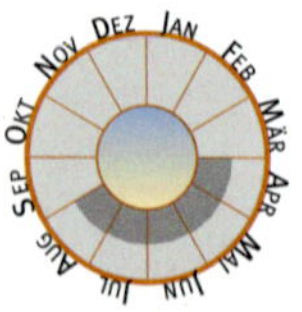

Aussehen: Rund 35 cm groß; Schnabel rot mit gelber Spitze, darüber ein rotes Stirnschild; Gefieder schwarz und dunkel olivbraun ①, Unterschwanz schneeweiß ②, Beine gelbgrün mit langen Zehen ③; Dunenküken schwarz, mit blau-rotem Kopfmuster; Jugendkleid einfarbig braun ④.

Stimme: Scharfe Rufe wie »kürrk« oder »kirrek«; in der Balzzeit vor allem nachts ausdauerndes »kreck kreck«.

Vorkommen: Auf Seen, Teichen und langsam fließenden Flüssen mit üppiger Ufervegetation, an Dorf- und Parkteichen, selbst mitten in der Stadt; außer im Hochgebirge überall häufig.

Nahrung: Sumpf- und Wasserpflanzen, Samen und Früchte, Insekten, Würmer und Schnecken.

Brut: Schilfnest, gut versteckt in der Ufervegetation; 1 – 3 Bruten im Jahr, jeweils 5 – 10 rahmweiße Eier mit dunkelbraunen Punkten.

Typisch

Teichhühner schwimmen ständig kopfnickend und zeigen durch häufiges Schwanzzucken ihre weiße Schwanzunterseite ②.

Blässhuhn

Fulica atra

Aussehen: Etwa 37 cm großer, rundlicher Wasservogel mit schwarzem Gefieder ① und leuchtend weißem Stirnschild über dem ebenso weißen Schnabel ②; Dunenküken mit rotgelbem Kopf ③; Jugendkleid graubraun mit weißlichem Gesicht und Hals ④.

Stimme: Die Weibchen rufen laut bellend »köw«, die Männchen kurz und hart »pix« oder stimmlos »pt«, ganz ähnlich einem knallenden Sektkorken.

Vorkommen: Auf Seen, Weihern, Stauseen und langsam fließenden Flüssen, ebenso auf Teichen und Parkgewässern, selbst mitten in der Stadt; sehr häufig.

Nahrung: Als ausgesprochene Allesfresser ernähren sich Blässhühner von Wasserpflanzen, Schilfschösslingen, Gras, Kleintieren wie Insekten und Schnecken, in städtischen Gebieten auch von Brot oder Abfällen.

Brut: Großes, flaches Schilfnest, meist im seichten Wasser und im Schutz der Ufervegetation; 5 – 10 rotbraun bis schwarz gepunktete Eier.

Typisch

Beim geräuschvollen Start von der Wasseroberfläche nehmen Blässhühner flügelschlagend und laut mit den Füßen patschend Anlauf.

1

2

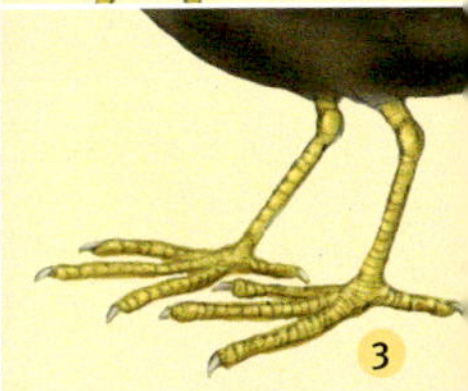
3

4

1

2

3

4

Flussseeschwalbe

Sterna hirundo

AUSSEHEN: 31–35 cm groß, schlank, mit tief gegabeltem Schwanz und schmalen Flügeln ②; Schnabel rot mit schwarzer Spitze; im Prachtkleid eine schwarze Kopfkappe ①, im Schlichtkleid nur Hinterkopf schwarz ③.
STIMME: Schrilles, herabgezogenes »kiäärr« oder scharfes »kit kit kirr«, bei Beunruhigung auch schnelles »kekekekekek …«.
VORKOMMEN: Häufiger Brutvogel an flachen Meeresküsten, brütet aber auch im Binnenland an großen Seen und Flüssen; überwintert im westlichen Afrika.

TYPISCH

Bei der Nahrungssuche fliegen die Seeschwalben niedrig über der Wasserfläche. Haben sie Beute entdeckt, stoßen sie wie ein Pfeil ins Wasser.

NAHRUNG: Kleine Fische, Krebstiere, Kaulquappen, Wasserinsekten.
BRUT: Als Nest eine flache Mulde in Dünen, auf Sand- oder Kiesbänken; 2–3 sandbeige bis olivgrün gefärbte Eier mit braunen Flecken.
ÄHNLICHE ART: Die nur an der Küste lebende Küstenseeschwalbe *(Sterna paradisaea)* ④ hat einen rein roten Schnabel ohne schwarze Spitze.

Rebhuhn

Perdix perdix

AUSSEHEN: Rund 30 cm großer, gedrungener und kurzschwänziger Hühnervogel mit ziegelrotem Gesicht ①; Männchen (rechts im Bild) auf der grauen Unterseite mit schwarzbraunem Bauchfleck, der beim Weibchen fehlt oder nur angedeutet ist ③; Jungvögel braun mit feiner heller Streifung ④.
STIMME: Aufgescheuchte Rebhühner rufen laut »pitt pitt« oder »rep rep«. Der Revierruf des Männchens ist ein knarrendes »girräck«.

TYPISCH

Fliegt das Rebhuhn auf, sind am gefächerten Schwanz die rostroten seitlichen Steuerfedern zu sehen ②.

VORKOMMEN: In trockener, kleinräumiger Feldflur mit Feldrainen, Hecken und eingestreuten Feldgehölzen. Durch die Intensivierung der Landwirtschaft sind hierzulande nicht nur diese Landschaften, sondern mit ihnen auch die Rebhuhnbestände stark zurückgegangen.
NAHRUNG: Gräser, Klee, Wildkräuter und Sämereien, auch Insekten.
BRUT: Als Nest eine flache Bodenmulde unter dichtem Bewuchs, spärlich mit Gras und Blättern ausgelegt; 10–20, gelegentlich bis zu 24 olivbraune Eier; Küken sind Nestflüchter, werden von beiden Elternvögeln betreut.

1

2

3

4

1

2

3

4

Grauspecht

Picus canus

AUSSEHEN: Etwa 32 cm großer Specht; an Kopf und Hals grau, ansonsten moosgrün, Bürzel gelb ②; Männchen ① mit leuchtend rotem Stirnfleck, der dem Weibchen ③ fehlt.
STIMME: Im Frühjahr abfallende Reihen weicher Pfeiftöne, die gegen Ende langsamer werden, etwa wie »gügügügü-gü-gü-gü gü gü«; außerhalb der Brutzeit wenig ruffreudig.
VORKOMMEN: Regelmäßiger, gebietsweise aber selten gewordener Brutvogel von den Alpen bis an den Südrand der Norddeutschen Tiefebene; in Laub- und Mischwäldern, Parks, Obstgärten und Friedhöfen.
NAHRUNG: Hauptsächlich Ameisenpuppen und Ameisen, aber auch andere Insekten, außerdem Samen, Beeren und anderes Obst; Nahrungssuche in erster Linie auf dem Boden.
BRUT: Nisthöhle meist in Stämmen von Laubbäumen ④, selbst gezimmert oder eine verlassene Grünspechthöhle; 7–9 weiße Eier.

TYPISCH

Zur Reviermarkierung trommelt der Grauspecht in Intervallen von jeweils etwa 2 Sekunden mit gleichmäßiger Schlagfrequenz.

Grünspecht

Picus viridis

AUSSEHEN: Gut 25 cm großer, moosgrüner Specht mit schwarzer Augenmaske und lang gezogener, leuchtend roter Scheitelkappe ②; Bartstreif beim Weibchen ① schwarz, beim Männchen ② mit rotem Kern; Bürzel gelb; im Jugendkleid unterseits dunkel quer gebändert, oberseits weißlich gesprenkelt ③.
STIMME: Männchen wie Weibchen lassen zur Reviermarkierung ein anhaltendes, schallendes Lachen wie »kjükjükjükjü« ertönen, trommeln dagegen nur selten.
VORKOMMEN: In Laub- und Mischwäldern, Feldgehölzen, Obstgärten, Alleen, Gärten und Parks mit alten Bäumen.
NAHRUNG: In erster Linie Ameisen und deren Puppen, die mit der langen, klebrigen Zunge aus ihren Bauen geangelt werden; daneben auch andere Insekten, Würmer, Schnecken und Obst. Grünspechte suchen ihre Nahrung fast ausschließlich am Boden.
BRUT: Nesthöhle selbst gezimmert oder übernommen; 5–8 weiße Eier.

TYPISCH

Grünspechthöhlen haben ein rundes bis querovales Schlupfloch. Sie liegen meist niedrig in den Stämmen alter oder kranker Laubbäume ④.

1

2

3

4

1

2

3

4

Türkentaube

Streptopelia decaocto

AUSSEHEN: Die etwa 32 cm große Türkentaube ist nur wenig kleiner als die Straßentaube (S. 126), aber schlanker und langschwänziger ①. Ihr beigebraunes Federkleid ziert ein schmales schwarzes, vorn offenes Halsband ②.
STIMME: Im Flug häufig ein nasales »chwää chwää«; Reviergesang des Männchens ein monotones »gu-guh-gu gu-guh-gu« mit starker Betonung der mittleren Silbe.
VORKOMMEN: Ursprünglich aus den Steppen Südasiens kommend, von sich aus seit etwa 1930 in Europa eingewandert; als Kulturfolger bei uns fast nur in Dörfern und Städten.
NAHRUNG: Samen, grüne Pflanzenteile und Knospen, auch Getreide, Früchte oder Brot.
BRUT: Flaches Nest aus trockenen Zweigen und Wurzeln, meist in einer Astgabel; 2–4 Bruten im Jahr mit fast immer 2 Eiern, Eifarbe weiß.

TYPISCH

Im Unterschied zur Turteltaube sind die Unterflügel der Türkentaube weißlich und nicht blaugrau gefärbt ④. Jungvögel sehen im Jugendkleid grauer aus als die Altvögel und tragen noch kein Halsband ③.

Turteltaube

Streptopelia turtur

AUSSEHEN: Nur 26–28 cm groß; rostbraune Oberseite durch schwarze Federzentren kontrastreich gemustert ①; auf beiden Halsseiten ein auffallender schwarz-weißer Fleck ③; bei Jungvögeln ④ Flügeldecken noch ohne schwarze Federzentren.
STIMME: Reviergesang des Männchens ein monoton schnurrendes »turr-turr-turr …«.
VORKOMMEN: In den Mittelmeerländern weit verbreitet und häufig, bei uns eher selten und nur im Tiefland; an Waldrändern, in Auwäldern, Feldgehölzen und Obstgärten, manchmal auch in Parks und Gärten mit Laubbäumen; überwintert in Afrika südlich der Sahara.
NAHRUNG: Samen von Kräutern und Gräsern, auch Nadelbaumsamen.
BRUT: Flaches Reisignest, gewöhnlich in geringer Höhe in einem Baum oder Strauch; zumeist 2 Bruten im Jahr mit jeweils 2 weißen Eiern; Brüten und Jungenaufzucht wie bei allen Tauben durch beide Elternvögel.

TYPISCH

Der sehr schnelle Flug der Turteltaube wirkt reißend und ruckartig. Ihr gefächerter Schwanz zeigt, von unten gesehen, eine viel schmalere weiße Endbinde ② als derjenige der Türkentaube.

Straßentaube | Stadttaube

Columba livia f. domestica

AUSSEHEN: Etwa 33 cm groß; von verwilderten Haustauben abstammend, entsprechend sehr variabel gefärbt und gezeichnet, von schwarz über rostbraun bis fast weiß, in der Mehrzahl aber »taubengrau« mit grünem oder purpurnem Glanz am Hals ① und zwei schwarzen Flügelbinden ②; Augen orange.
STIMME: Lautes Gurren wie »guhgu-guruh«.
VORKOMMEN: In fast allen Städten Europas, vorwiegend aber in Großstädten, meist in großer Zahl; nicht nur in Parks und Anlagen, sondern auch auf Marktplätzen und in verkehrsreichen Innenstädten.
NAHRUNG: Sämereien, Getreide, Knospen, Triebe, Blätter, Brot, Abfälle.
BRUT: Nest oft auf Gebäudesimsen oder Balkonen, in Mauernischen oder unter Brücken; 3–4 Bruten im Jahr mit je 2 weißen Eiern.
ÄHNLICHE ART: Die Hohltaube *(Columba oenas)* ④ hat höchstens angedeutete Flügelbinden sowie dunkle ③ statt orangefarbene Augen.

TYPISCH
Unabhängig von der übrigen Gefiederfärbung hat die Mehrzahl der Straßentauben einen weißen oder hellgrauen Bürzel.

Dohle

Corvus monedula

AUSSEHEN: Nur etwa 33 cm große Verwandte der Krähen; fast völlig schwarz mit grauer Kapuze ①; Schnabel schwarz, Iris der Augen weißlich grau ②; Jungvögel zunächst noch bräunlich ④, dann schwarz ohne graue Kapuze, aber schon mit hellgrauen Augen ③.
STIMME: Als Ruf ein wiederholtes, schallendes »kjack«, bei Gefahr auch hohes »jüp«; Gesang schwätzend, mit miauenden und knackenden Tönen, selten zu vernehmen.
VORKOMMEN: In lichten Laubwäldern und Parks mit Spechthöhlen, auch in der Nähe alter Kirchen, Burgen und Ruinen.
NAHRUNG: Würmer, Schnecken, Insekten, Früchte, Samen, gelegentlich Mäuse und Jungvögel; durchsucht als Allesfresser auch Abfalltonnen.
BRUT: Die geselligen Vögel nisten in mehr oder weniger großen Kolonien. Reisignest in Baumhöhlen, Felsspalten oder Mauernischen, gern auch in Nistkästen; 4–6 hellblaue, schwärzlich gefleckte Eier.

TYPISCH
Auch von weitem sind die geselligen Dohlen durch ihr graues Nackengefieder gut von Saatkrähen (S. 140) zu unterscheiden, denen sie sich im Winter gern anschließen.

1

2

3

4

1

2

3

4

Eichelhäher

Garrulus glandarius

AUSSEHEN: Das auffälligste Kennzeichen des etwa 34 cm großen, blass rotbraunen Singvogels sind seine hellblau-schwarz gebänderten Flügeldecken ①. Beiderseits des Schnabels trägt er schwarze Bartstreifen ③.

STIMME: Bei Beunruhigung lautes, rätschendes »schrräh«; Gesang aus schwätzenden, schnalzenden und miauenden Lauten.

VORKOMMEN: Der Eichelhäher ist ein typischer Bewohner von Laub- und Mischwäldern, kommt aber auch in Parks und größeren Gärten mit altem Baumbestand vor. In Mitteleuropa ist er das ganze Jahr über häufig anzutreffen.

NAHRUNG: Eicheln, Bucheckern, Haselnüsse und Insekten, im Frühjahr auch oft Eier und Nestlinge; versteckt Baumfrüchte als Wintervorrat in Rindenspalten, zwischen Wurzeln und im Boden ④.

BRUT: Reisignest im dichten Gezweig von Bäumen oder großen Sträuchern; 4–6 blaugrüne bis olivbraune, bräunlich gefleckte Eier.

TYPISCH

Ein fliegender Eichelhäher fällt durch seinen schneeweißen Bürzel sowie weiße Flügelfelder auf ②.

Tannenhäher

Nucifraga caryocatactes

AUSSEHEN: Etwa 32 cm groß; Kopf mit relativ langem Schnabel und dunkelbraunem Scheitel ②; weiße, perlschnurartige Tropfenflecken im schokoladenbraunen Gefieder ③; Flügel und Schwanz schwarz ①, Schwanz mit weißer Endbinde ④.

STIMME: Heiser schnarrende »grrärr-grrärr«-Rufe; Gesang ein leises, plauderndes Schwätzen mit etlichen Imitationen anderer Vögel, nur selten zu hören.

VORKOMMEN: In Nadel- und Mischwäldern der Mittelgebirge und Alpen, bevorzugt in Bergwald mit Zirbelkiefern.

NAHRUNG: Hauptsächlich Samen von Nadelbäumen (vor allem von Zirbelkiefern), aber auch Hasel- und Walnüsse, Beeren und andere Früchte; im Sommer ebenso Insekten und andere Kleintiere; legt wie der Eichelhäher Wintervorräte an, indem er Baumsamen und Nüsse versteckt.

BRUT: Stabiles Napfnest, meist hoch auf einem Nadelbaum, nahe dem Stamm; 3–4 blass türkisblaue Eier mit grauer oder brauner Sprenkelung.

TYPISCH

Aus einiger Entfernung wirkt der Tannenhäher eher grau. Gern sitzt er auf der äußersten Spitze eines Nadelbaums.

1

2

3

4

1

2

3

4

Baumfalke

Falco subbuteo

AUSSEHEN: Männchen etwa 28 cm, Weibchen 35 cm groß; schlank, mit sehr langen, schmalen Flügeln ②; beide Geschlechter am Rücken dunkel schiefergrau, auf der weißlichen Unterseite kräftig gefleckt ①; charakteristische orangebraune »Hosen« und Steiß, die Jungvögeln ④ noch fehlen.

STIMME: Während der Brutzeit häufig ein anhaltendes, schnelles »gjä gjä gjä …«.

VORKOMMEN: Zwar in allen Teilen des mitteleuropäischen Tieflands verbreitet, doch nirgendwo häufig; braucht zur Jagd offene Landschaften, vor allem Wiesen und Moore, taucht gelegentlich aber auch über Siedlungen auf; überwintert in Afrika.

NAHRUNG: Der Baumfalke fängt fast ausschließlich Kleinvögel und fliegende Insekten. Er ist ein überaus schneller und wendiger Luftjäger.

BRUT: Baumfalken legen ihre 2–4 stark rotbraun gemusterten Eier in alte Nester von Krähen, Elstern oder anderen Vögeln.

TYPISCH

Die kontrastreiche schwarz-weiße Gesichtszeichnung ③ des Baumfalken fällt schon von weitem auf.

Turmfalke

Falco tinnunculus

AUSSEHEN: Männchen 33 cm, Weibchen 39 cm groß; lange, schmale Flügel und vergleichsweise langer Schwanz mit schwarzer Endbinde; Männchen ④ mit hellgrauem Kopf und Schwanz und ziegelrotem Mantel; Weibchen ① und Jungvögel ③ rotbraun mit lebhafter Flecken- und Streifenzeichnung.

STIMME: Die Rufe des Turmfalken sind häufig zu hören, z. B. ein helles »kikikiki …« oder am Brutplatz ein wimmerndes »wriiiih«.

VORKOMMEN: Von der Meeresküste bis ins Hochgebirge verbreitet; brütet in Feldgehölzen ebenso wie in alpinen Felswänden, Steinbrüchen oder Kirchtürmen, meidet lediglich geschlossene Waldgebiete; Jagdflüge stets in offenem Gelände.

NAHRUNG: Vor allem Mäuse, auch Eidechsen, Kleinvögel, große Insekten.

BRUT: Der Turmfalke baut wie alle Falken kein eigenes Nest, sondern legt seine 4–6 gelblich weißen, stark rotbraun gesprenkelten Eier in Felshöhlungen, Mauerlöcher oder alte Krähennester.

TYPISCH

Turmfalken sieht man besonders häufig im Rüttelflug in der Luft stehen ②, wobei sie den Boden nach Beute absuchen.

1

2

3

4

1

2

3

4

Wanderfalke

Falco peregrinus

AUSSEHEN: Männchen rund 35 cm, Weibchen bis zu 50 cm groß; Oberseite schiefergrau, Unterseite hell mit spärlicher Quermusterung ①; im Gesicht breiter schwarzer »Tränenstreif« ④; Füße gelb ③; Jungvögel oberseits dunkel graubraun, unterseits beige mit Tropfenflecken in Längsreihen ②.

STIMME: Am Brutplatz ein klagendes »gäääi gäääi …«, bei Erregung ein scharfes »kozick kozick kozick …«.

VORKOMMEN: Fast weltweit verbreitet, in Mitteleuropa aber sehr selten geworden (in Deutschland heute rund 300 Brutpaare); brütet in Felswänden und Flusstälern im Gebirge, aber auch an Steilküsten; jagt in offener Landschaft.

NAHRUNG: Fast ausschließlich Vögel, die in der Luft erbeutet werden.

BRUT: Ohne ein Nest zu bauen, wird das Gelege aus 3–5 dicht braun gefleckten Eiern in Felsnischen platziert.

TYPISCH

Typisch für den Wanderfalken ist sein Jagdverhalten: Er stürzt sich bei seinen spektakulären Jagdflügen teilweise mehrere hundert Meter weit hinab.

Sperber

Accipiter nisus

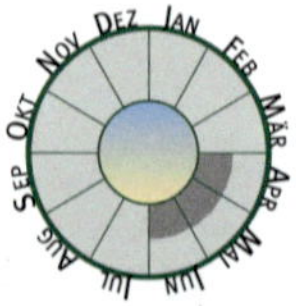

AUSSEHEN: Männchen 28 cm, Weibchen bis zu 38 cm groß; Unterseite beim Weibchen ③ hell, beim Männchen ① mit rostroter Tönung, jeweils eng dunkel gebändert; im Jugendkleid ④ mit diffuser rostroter Musterung.

STIMME: Beim girlandenförmigen Balzflug weiche, nach oben gezogene »gjü-gjü«-Rufe, bei Störungen im Horstbereich und als Kontaktruf zwischen Brutpartnern lange Reihen von »gigigigigi«-Lauten.

VORKOMMEN: In Mitteleuropa zwar weit verbreitet, aber nur gebietsweise häufig; besiedelt Nadel- oder Mischwald, der mit offenen Landschaftsteilen sowie mit Hecken und Kleingehölzen abwechselt.

NAHRUNG: Zu über 90 Prozent Vögel, die meist im Flug geschlagen werden, gelegentlich aber auch Mäuse oder Fledermäuse.

BRUT: Horst in hohem Nadelbaum, nahe am Stamm; 5–7 braun gesprenkelte Eier (S. 23); Männchen leistet Hauptarbeit bei der Jungenaufzucht.

TYPISCH

Kennzeichnend für das Flugbild des Sperbers sind kurze, gerundete Flügel und der schmale, gerade Schwanz, der auch beim Segeln kaum gefächert wird ②.

1

2

3

4

1

2

3

4

Schleiereule

Tyto alba

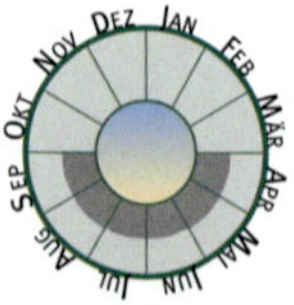

Aussehen: 33–39 cm große, sehr helle Eule mit herzförmigem Gesichtsschleier; Oberseite goldbraun, mit Grau durchmischt ②, Brust und Bauch je nach Rasse recht unterschiedlich gefärbt, von weiß ① über sandfarben bis goldbraun ③; Jungvögel wie bei allen Eulen mit wolligem Übergangskleid ④.
Stimme: Zur Brutzeit kreischende und schnarchende Laute; »Gesang« des Männchens wie ein heiseres, vibrierendes Fauchen.
Vorkommen: Vor allem in waldarmen Siedlungsgebieten am Rand von Dörfern; bei uns fast nur als Kulturfolger.
Nahrung: In erster Linie Feldmäuse, daneben auch andere kleine Säugetiere, Kleinvögel, Frösche und große Insekten.
Brut: In Dachstühlen, Kirchtürmen, Scheunen und anderen Gebäuden; 1–3 Bruten im Jahr mit jeweils 2–10 weißen Eiern. Das Männchen versorgt das brütende Weibchen und später die Jungen mit Nahrung.

Typisch

Am Brutplatz von Schleiereulen sind oft die laut schnarchenden Bettelrufe des Weibchens und der Jungen zu vernehmen.

Sumpfohreule

Asio flammeus

Aussehen: 34–42 cm große, grob gefleckte Eule mit gelben Augen ① und kleinen Federohren, die nur bei Erregung aufgestellt werden ②, sonst im Kopfgefieder verborgen sind; im Flug gelbe Felder auf den Handschwingen ④ und weißer Flügelhinterrand.
Stimme: Männchen rufen kläffend »kwär-wäk-wäk«, Weibchen »warrr«; Gesang des Männchens ein 8- bis 12-silbiges, in der Tonhöhe leicht ansteigendes »bu-bu-bu-bu-…«.
Vorkommen: Bei uns nur im Westen des Norddeutschen Tieflands ein regelmäßiger Brutvogel, sonst lediglich sporadische Vorkommen, abhängig vom Nahrungsangebot; braucht als Lebensraum offene Sumpf- und Moorlandschaften mit weiten Feuchtwiesen.
Nahrung: In erster Linie Wühlmäuse, daneben auch andere Kleintiere.
Brut: Als Nest eine Bodenmulde in dichter Vegetation, die mit Halmen spärlich ausgelegt wird; 1–2 Bruten im Jahr mit 4–8 weißen Eiern.

Typisch

Die gelben Augen werden durch eine schwarze Umrahmung noch betont. Schon im wollig beigen Zwischenkleid der Jungen ③ ist diese Augenmaske ausgeprägt.

1

2

3

4

1

2

3

4

Waldohreule

Asio otus

AUSSEHEN: 35–37 cm große Eule mit gelben Augen und langen Federohren ①, die in Ruhe an den Kopf angelegt werden ②; durch rindenfarbenes Federkleid bestens getarnt, wenn sie auf Bäumen nahe dem Stamm ruht ④;
STIMME: Der Reviergesang der dämmerungs- und nachtaktiven Eule besteht aus leisen, monoton gereihten »huh«-Rufen.
VORKOMMEN: In offenem Gelände mit kleinen Baumgruppen, Feldgehölzen und lichten Wäldern, im Winter gelegentlich auch in Parks und Gärten; meidet geschlossenen Wald.
NAHRUNG: In erster Linie Mäuse, im Winter aber auch oft Kleinvögel, die vorwiegend in offenem Gelände erjagt werden; im Sommer zudem große Insekten.
BRUT: 3–8 weiße Eier, werden in altes Nest von Krähen, Elstern oder Greifvögeln gelegt; Weibchen brütet allein, Männchen bringt Beute herbei.

TYPISCH

Bei einer fliegenden Waldohreule fallen breite ockergelbe und schwärzliche Flügelfelder auf ③. Im Unterschied zur Sumpfohreule (S. 134) haben die Flügel keinen weißen Hinterrand.

Waldkauz

Strix aluco

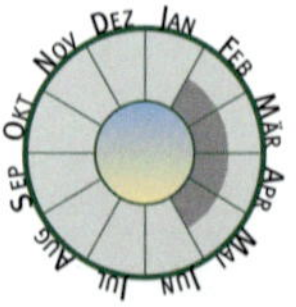

AUSSEHEN: Etwa 38 cm großer Kauz; Grundfarbe des Gefieders von Rotbraun ① bis Grau ③ variierend; an den Flügeln zwei Reihen weißer Tupfen ②, Scheitel mit dunkelbraunem, hell eingefasstem Streifen.
STIMME: Reviergesang des Männchens ein tief klingendes »guuoh gu gurruuuh«, bereits ab Herbst zu hören; häufig vernehmbare, laute »ku-witt«-Rufe vor allem vom Weibchen.
VORKOMMEN: Häufigste Eulenart Mitteleuropas, vom Tiefland bis zu den Bergwäldern der Alpen; in lichtem Laub- oder Mischwald, in Parks, Friedhöfen und Gärten mit alten Laubbäumen, sogar in der Stadt.
NAHRUNG: Kleine Säugetiere, insbesondere Mäuse, aber auch viele Vögel; in geringerem Maß auch Frösche und andere Kleintiere.
BRUT: Vorzugsweise in Baumhöhlen ④, aber auch in Krähennestern, Felsnischen, Mauerlöchern, Dachböden oder Nistkästen; 3–5 weiße Eier; Weibchen brütet, Männchen versorgt Partnerin und Junge mit Nahrung.

TYPISCH

Der Waldkauz hat keine Federohren wie die kleinere Waldohreule und lässt sich auch durch seine schwarzen Augen deutlich von dieser unterscheiden.

1

2

3

4

1

2

3

4

Alpenschneehuhn

Lagopus mutus

AUSSEHEN: Rund 35 cm groß; im Winter beide Geschlechter schneeweiß ④, im Sommer Oberseite und Brust braun bis schwarzbraun marmoriert ②, im Herbst und Frühjahr mehr oder weniger stark gescheckt ①.
STIMME: Bei auffälligen Balzflügen gibt das Männchen hölzern knarrende Rufe von sich, kombiniert mit lautem Flügelklatschen. Die Stimmfühlungslaute klingen beim Männchen wie »korrr«, beim Weibchen wie »kiiä«.
VORKOMMEN: Ganzjährig in den Alpen oberhalb der Baumgrenze, an Felshängen und auf steinigen Matten; im Winter an schneearmen Steilwänden oder Südhängen.
NAHRUNG: Blätter und Knospen von Alpenkräutern, Beeren, Insekten.
BRUT: Dürftiges Nest in einer Bodenmulde, durch Zwergsträucher gut gedeckt; 4 – 9 Eier mit rotbraunen bis schwarzen Flecken; Küken sind Nestflüchter, werden von der Mutter bis in den Herbst hinein betreut.

TYPISCH

Dem Weibchen ③ fehlt im Gegensatz zum Männchen der schwarze »Zügel«, der von der Schnabelbasis bis hinter das Auge reicht.

Schwarzspecht

Dryocopus martius

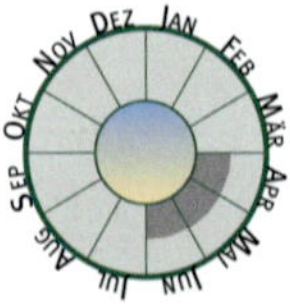

AUSSEHEN: 45 – 47 cm großer, schlanker Specht mit kohlschwarzem Gefieder ①; Männchen mit leuchtend roter Scheitelkappe vom Schnabelansatz bis zum Hinterkopf ③, Weibchen nur mit rotem Fleck am Hinterkopf ④; im Flug Nacken durchgebogen ②.
STIMME: Flugruf ein vielsilbiges »krü-krü-krü …«, weithin zu hören, ebenso das klagende »kliöööh« nach der Landung; im Frühjahr ein gereihtes, schneller werdendes »kwi-kwi-kwi …« sowie sehr kräftige Trommelwirbel mit relativ langsamer Schlagfrequenz.
VORKOMMEN: In ausgedehnten Nadel- und Mischwäldern mit reichlich Altholz, im Gebirge bis hinauf zur Baumgrenze.
NAHRUNG: Insekten, insbesondere Käferlarven und große Ameisen, die in vermoderndem Holz leben.
BRUT: Nesthöhle wird selbst gezimmert, vorzugsweise in Buchenstämmen, aber auch in Kiefern; meist 3 – 5 weiße Eier.

TYPISCH

Schwarzspechthöhlen haben ein hochovales Einschlupfloch und liegen gewöhnlich unterhalb der ersten Äste eines Baumstamms, meist in 6 – 10 m Höhe.

1

2

3

4

1

2

3

4

Rabenkrähe

Corvus corone corone

AUSSEHEN: Etwa 47 cm große Krähe mit tiefschwarzem, glänzendem Gefieder ①; Schnabel sehr kräftig, am Grund befiedert ②.
STIMME: Lautes, krächzendes »kräh« oder »wärrr«; Gesang leise plaudernd, selten.
VORKOMMEN: In Westeuropa, ostwärts bis zu einer Linie Schleswig-Holstein, Ostdeutschland, Mittelösterreich; in offenen Kulturland.
NAHRUNG: Insekten, Würmer, Schnecken, Mäuse, Frösche, Eier und Jungvögel, Samen und Früchte, Aas und Abfälle.
BRUT: Großes, sehr stabiles Nest, meist hoch in Bäumen; 3–6 hellblaue bis türkisfarbene, bräunlich gefleckte Eier.
BESONDERES: Wie die Rabenkrähe ist auch die an Nacken, Rücken und Unterseite hellgraue Nebelkrähe *(Corvus corone cornix)* ④ eine Unterart der Aaskrähe (*Corvus corone*). Zwischen beiden Formen kommen Mischlinge mit kleineren oder gefleckten grauen Partien vor ③.

TYPISCH
Von der Saatkrähe unterscheidet sich die Rabenkrähe durch die befiederte Schnabelbasis und den dickeren, vorn stärker gekrümmten Schnabel.

Saatkrähe

Corvus frugilegus

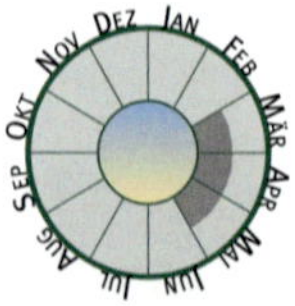

AUSSEHEN: Etwa 47 cm groß; Gefieder völlig schwarz, mit blauem oder purpurnem Metallglanz ①; Schnabelwurzel bei erwachsenen Vögeln nackt und weißlich, grindig aussehend ③, bei Jungvögeln noch befiedert ④; im Flug Schwanz leicht keilförmig ②.
STIMME: Raue und tiefe »krah«- oder »korr«-Rufe; Gesang schwätzend, mit krächzenden und hell metallischen Tönen.
VORKOMMEN: Vorwiegend im Tiefland; brütet in offenen Kulturlandschaften mit einzelnen Feldgehölzen; im Winter häufig auch in Parks und Städten anzutreffen; in Mitteleuropa oft riesige Schwärme von Wintergästen aus östlichen Brutgebieten.
NAHRUNG: Insekten und Larven, Würmer, Schnecken, Mäuse, ebenso Samen und andere Pflanzenteile sowie Speiseabfälle des Menschen.
BRUT: Große Reisignester in Kolonien, meist hoch in Bäumen; 3–5 bläuliche Eier mit Fleckenzeichnung in unterschiedlichen Brauntönen.

TYPISCH
Saatkrähen sammeln sich im Winter allabendlich an gemeinsamen Schlafplätzen. Schon nachmittags fliegen sie von allen Seiten in großen Schwärmen darauf zu.

1

2

3

4

1

2

3

4

Alpendohle

Pyrrhocorax graculus

AUSSEHEN: Mit 38 cm etwas größer und vor allem schlanker als die Dohle (S. 126); Gefieder glänzend schwarz ①, Beine rot, Schnabel gelb und vergleichsweise kurz ④.
STIMME: Scharfe, schrille »zjaa«- oder »tschirr«-Rufe; als Kontaktruf untereinander ein leises, weiches »prüit«.
VORKOMMEN: Bewohner hochalpiner Regionen bis in über 3000 m Höhe, tauchen im Winter aber oft auch in Tälern auf.
NAHRUNG: Insekten, Würmer, Schnecken, Früchte, Aas, Abfälle.
BRUT: Reisignester in Felshöhlen oder -spalten, gelegentlich auch unter Dächern von Gebäuden; 4–5 weißliche Eier mit dunkler Fleckung.
ÄHNLICHE ART: Die sehr seltene Alpenkrähe *(Pyrrhocorax pyrrhocorax)* hat einen längeren, dünneren Schnabel, der bei erwachsenen Tieren ② rot, bei Jungvögeln ③ aber noch gelb ist.

TYPISCH
Alpendohlen kommen oft in großer Zahl an viel begangenen Berggipfeln, Alpengasthöfen und Seilbahnstationen vor, wo sie sich gern füttern lassen.

Elster

Pica pica

AUSSEHEN: 44–48 cm groß, sehr langschwänzig ①; schwarz-weißes Federkleid, schwarze Schwanz- und Flügelpartien mit intensivem Metallglanz, der den kurzschwänzigen Jungvögeln ② noch fehlt.
STIMME: Rau schäckernde Rufe wie »schackackack«; Gesang des Männchens verhalten schwätzend und leise.
VORKOMMEN: In offenen Landschaften mit Feldgehölzen und Hecken, auch in Gärten, Parks und Friedhöfen mit hohen Bäumen, selbst mitten in Großstädten; in ganz Europa verbreitet, im Tiefland fast überall häufig; im Winter oft in größeren Gruppen an gemeinsamen Schlafplätzen.
NAHRUNG: Hauptsächlich Schnecken, Würmer, Großinsekten, Eier und Jungvögel, aber auch Aas, Früchte, Samen sowie Abfälle des Menschen.
BRUT: Großes, haubenförmig überdachtes Reisignest, meist in Baumkronen; nur eine Brut im Jahr mit 5–8 bläulichen bis grünlichen Eiern.

TYPISCH
Bei einer fliegenden Elster fallen neben dem langen Schwanz große, weiße Flügelpartien sowie von unten der weiße Bauch ③, von oben ein weißes »V« auf dem Rücken auf ④.

1

2

3

4

1

2

3

4

Ringeltaube

Columba palumbus

Aussehen: Gut 40 cm groß; Gefieder grau, an Hals und Brust rötlich ①, an den Halsseiten leuchtend weiße Abzeichen ③, die den Jungvögeln im ersten Jahr ② noch fehlen.

Stimme: Der Reviergesang des Männchens ist ein dumpfes Gurren wie »ru-guu-gu gugu«, meist auf der zweiten Silbe betont.

Vorkommen: In Laub- und Mischwäldern mit umgebenden Wiesen, Feldern und Feldgehölzen, auch in städtischen Parks; im Tiefland weit verbreitet und häufig; überwintert bei uns nur in milden Gegenden, weicht ansonsten vor der Kälte in den Mittelmeerraum aus.

Typisch

Im Gegensatz zu Türken- und Turteltaube (S. 124) hat die Ringeltaube eine schwarze Endbinde am Schwanz ④. Im Flug fallen vor allem die weißen Flügelabzeichen auf.

Nahrung: Samen, Beeren, Baumfrüchte bis zur Größe von Eicheln, Getreide, grüne Pflanzenteile, nur gelegentlich auch Insekten und Würmer.

Brut: Flaches Reisignest, zumeist hoch in Bäumen, manchmal auch an Gebäuden; 2–3 Bruten im Jahr mit je 2 weißen Eiern.

Lachmöwe

Larus ridibundus

Aussehen: Die 38–44 cm große Möwe trägt im Prachtkleid eine schokoladenbraune Kapuze, die den Nacken frei lässt ①. Im Winterhalbjahr hat sie nur einen dunklen Ohrfleck am ansonsten weißen Kopf ④. Im Jugendkleid ③ sind Rücken und Flügel braun.

Stimme: Oft ein raues, aggressiv klingendes »kwerrr« und »kriääh«; beim Streit um Futter ein helles, abgehacktes »ke ke ke«.

Vorkommen: Die Lachmöwe ist in Europa die am weitesten verbreitete Möwe, im Binnenland zudem mit Abstand die häufigste; brütet an Seeufern und auf kleinen Inseln in Seen; außerhalb der Brutzeit an Gewässern aller Art, im Winter auch oft in Städten, in Parks und auf Müllkippen.

Typisch

Sommers wie winters ist die Lachmöwe im Flug an einem keilförmigen weißen Vorderrand des Handflügels zu erkennen ②.

Nahrung: Wasserinsekten, kleine Fische, Würmer, Aas und Abfälle.

Brut: Nester in meist großen Kolonien auf Pflanzenunterlage oder kleinen Inseln im Wasser; 3–4 Eier, deren Farbe von Rostbraun über Oliv bis Blassblau variiert, die aber stets dunkel gefleckt sind.

1

2

3

4

1

2

3

4

Dreizehenmöwe

Rissa tridactyla

Aussehen: 38–40 cm groß; Rücken und Flügeloberseiten gleichmäßig hellgrau, äußerste Flügelspitzen schwarz ④, übriges Federkleid während der Brutsaison rein weiß, im Winter auch Ohrgegend und Halsseiten grau; Jungvögel ③ mit schwärzlichem Nackenband und Fleck hinter dem Auge.
Stimme: Am Brutplatz sehr laut und gellend »kitiweek«, auch rau »gäg gäg«.
Vorkommen: Brutkolonien an steilen Meeresklippen der nördlichen Atlantikküsten, in Mitteleuropa nur auf Helgoland; außerhalb der Brutzeit auf offener See.
Nahrung: Fische, kleine Krebse, Meeresschnecken und Plankton.
Brut: Nester in Kolonien auf schmalen Felsbändern ①, meist auf einem Fundament aus Erde und Schlamm; gewöhnlich 2 dunkel gefleckte Eier. Die Nestlinge werden 7 Wochen lang ständig von einem Elternvogel bewacht, um ein Abstürzen vom Nestplatz nach Möglichkeit zu verhindern.

Typisch

Anhand ihrer schwarzen Beine ② lässt sich die Dreizehenmöwe leicht von der ähnlichen Sturmmöwe unterscheiden.

Sturmmöwe

Larus canus

Aussehen: 38–44 cm groß; Rücken und Flügeloberseiten hellgrau, Unterseite weiß ①, Flügelspitzen schwarz mit leuchtend weißen Flecken ②; im Winter Kopf schwach graubraun gefleckt, Schnabel häufig mit dunklem Ring ④; Jugendkleid schmutzig weiß mit hellbrauner Oberseite.
Stimme: Ruft hoch und schrill, etwa wie »gijü gijü«, »kjau« oder »ä-ä-äiiä«.
Vorkommen: Brütet in Mitteleuropa an den Meeresküsten, besonders an der Ostsee, vereinzelt auch im Landesinneren; im Winter nicht selten auch im Binnenland, oft zusammen mit Lachmöwen.
Nahrung: Insekten, Weichtiere, kleine Fische, Mäuse, Aas, Abfälle.
Brut: Nest auf festem Grund in unmittelbarer Wassernähe, sei es in niedriger Vegetation oder auf blankem Fels; brütet an der Küste stets in Kolonien, im Binnenland auch einzeln; zumeist 3 Eier, deren Farbe von Oliv über Rostbraun bis Sandbeige variiert, die aber stets dunkel gefleckt sind.

Typisch

Von der größeren, aber sonst sehr ähnlichen Silbermöwe (S. 172) unterscheidet sich die Sturmmöwe durch die gelbgrüne Färbung der Beine ③.

1

2

3

4

1

2

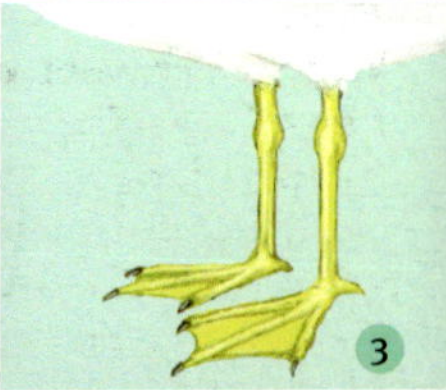
3

4

Austernfischer

Haematopus ostralegus

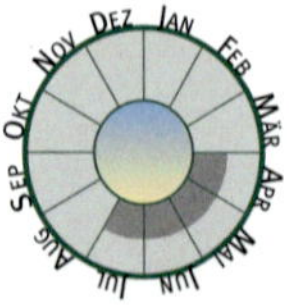

AUSSEHEN: 40–45 cm; Kopf und Rücken schwarz, Bauch weiß, Schnabel, Beine und Augen kräftig rot ①; im winterlichen Schlichtkleid mit weißem Querband über Kehle und Halsseiten ③; Jungvögel mit dunkler Schnabelspitze und braunen Augen.

STIMME: Das laute »kliep kliep« sowie das gellende »glieää«, das bei Gefahr ausgestoßen wird, sind nicht zu überhören.

VORKOMMEN: Der typische Küstenvogel kommt an flachen, sandigen oder steinigen Stränden der Nord- und Ostsee vor, nur vereinzelt auch in Flussmündungsgebieten und an Binnengewässern; außerhalb der Brutzeit oft in großen Schwärmen.

NAHRUNG: Muscheln, Krabben, Krebse, Schnecken und Wattwürmer.

BRUT: Als Nest ④ eine mit Steinchen, Muschelschalen oder Pflanzenteilen ausgelegte Mulde am Strand, in Dünen oder kurzgrasigen Wiesen; gewöhnlich 3 Eier, die schmutzig gelb sind mit schwarzen Klecksen.

TYPISCH

Seine kontrastreiche schwarz-weiße Färbung macht den Austernfischer auch im Flug unverkennbar ②.

Säbelschnäbler

Recurvirostra avosetta

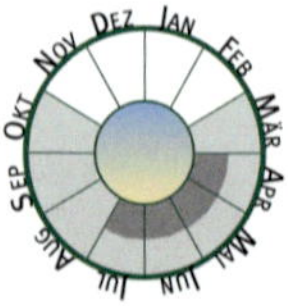

AUSSEHEN: 42 – 46 cm großer, schlanker und hochbeiniger Strandvogel mit schwarz-weißem Gefieder und dünnem, aufwärts gekrümmtem, schwarzem Schnabel ①.

STIMME: Ruf ein weiches, wohlklingendes »plüt plüt«; Warnruf ein quakendes »quäät« sowie ein erregt gackerndes »blik blik blik«.

VORKOMMEN: An flachen Meeresstränden, in Lagunen und Flussmündungsgebieten; in Deutschland sowohl an der Nordsee wie an der Ostsee; Kurzstreckenzieher, nur einige wenige überwintern im Wattenmeer.

NAHRUNG: Kleinkrebse, Würmer, Wasserinsekten und deren Larven. Bei der Suche danach zieht der Säbelschnäbler den Schnabel mit pendelnden Kopfbewegungen durchs Wasser ③.

BRUT: Koloniebrüter, Bodennester oft auch inmitten einer Kolonie von Möwen oder anderen Strandvögeln; 3–5 lehmfarbene Eier mit schwarzen Punkten und Flecken; Küken sind Nestflüchter ④.

TYPISCH

Im Flug zeigt der Säbelschnäbler seine bis auf die schwarzen Flügelspitzen vollständig weiße Unterseite ②. Seine langen Beine ragen weit über das Schwanzende hinaus.

1

2

3

4

1

2

3

4

Uferschnepfe

Limosa limosa

AUSSEHEN: Etwa 40 cm großer, langbeiniger Watvogel mit langem, orangegelbem Schnabel mit schwarzer Spitze; im Prachtkleid Hals rostrot, beim Männchen ① intensiver als beim Weibchen; im Schlichtkleid beide Geschlechter graubraun mit hellem Bauch ②; im Flug breiter weißer Flügelstreif sichtbar ④; Jungvögel mit geschuppter Oberseite ③.
STIMME: Häufige, etwas nasale Rufe wie »didi-di«, »däät« oder »gritta gritta gritta«.
VORKOMMEN: Brütet in Feuchtwiesen, Viehweiden oder Heiden; außerhalb der Brutzeit meist gesellig an flachen Gewässerufern; zieht zum Überwintern nach Südeuropa oder Nordafrika.
NAHRUNG: Regenwürmer, Heuschrecken, Käfer und Schnecken, im Flachwasser auch Kaulquappen und kleine Krebse.
BRUT: Die 3–5 olivbraunen, dunkel gefleckten Eier werden in eine Nestmulde im hohen Gras gelegt. Die Jungen sind typische Nestflüchter.

TYPISCH

Bei der Balz vollführt das Männchen spektakuläre Kunstflüge, wobei es sich in der Luft fallen lässt oder auf den Rücken dreht.

Zwergsäger

Mergus albellus

AUSSEHEN: Etwa 40 cm groß; Männchen im Prachtkleid schneeweiß mit schwarzer Zeichnung ① und einer aufrichtbaren Federhaube ③; im Schlichtkleid ähnlich dem ganzjährig braunköpfigen Weibchen ④; beim Fliegen weiße Flügelbänder sichtbar ②.
STIMME: Heiser und knarrend, außerhalb der Brutzeit aber kaum zu hören.
VORKOMMEN: Brütet im nördlichen Eurasien, an Seen und Flüssen der Taiga; in Mitteleuropa regelmäßiger Wintergast, vor allem am niederländischen Ijsselmeer, am Niederrhein, an der mecklenburgischen Ostseeküste, vereinzelt auch auf Seen des Alpenvorlands.
NAHRUNG: Kleine Fische, Wasserinsekten, Kleinkrebse und Muscheln.
BRUT: Nest in Baumhöhlen, reichlich mit Federn und Dunen ausgelegt; 6–9 rahmweiße Eier; Junge springen mit 10 Tagen aus der Höhle.
BESONDERES: Zwergsäger finden sich häufig in Gesellschaft von Schellenten (S. 176). Es kommen Kreuzungen zwischen den beiden Arten vor.

TYPISCH

Durch ihren reißenden Flug mit sehr schnellen Flügelschlägen lassen sich Zwergsäger unschwer von Enten unterscheiden.

1

2

3

4

1

2

3

4

Krickente

Anas crecca

AUSSEHEN: 34–38 cm groß; Männchen im Prachtkleid mit metallisch grün glänzendem, bis in den Nacken reichendem Streifen am rotbraunen Kopf ① und hellgelbem Steiß; im Schlichtkleid (Juli bis September) wie das unscheinbar braune Weibchen ②.
STIMME: Bei der Balz glockenhelles, an eine Grille erinnerndes »krick krick« (Name!); Weibchen mit hoher Stimme quakend.
VORKOMMEN: An Teichen und kleinen, seichten Seen mit üppiger Ufervegetation.
NAHRUNG: Im Sommer vorwiegend Insektenlarven, Muscheln und Schnecken; im Winter vor allem Wasserpflanzen und Samen.
BRUT: Bodennest in dichter Ufervegetation; 6–10 gelblich graue Eier.
ÄHNLICHE ART: Das Männchen der selteneren Knäkente *(Anas querquedula)* ④ trägt einen sichelförmigen weißen Kopfstreif. Das Weibchen ③ hat eine kontrastreichere Kopfstreifung als das Krickentenweibchen.

TYPISCH
Im Flug wird bei beiden Geschlechtern der schwarz-grüne, am Vorderrand weiß begrenzte Flügelspiegel deutlich sichtbar.

Mandarinente

Aix galericulata

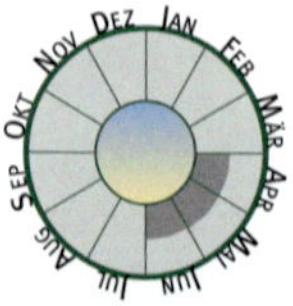

AUSSEHEN: Rund 45 cm große Gründelente; Männchen im Prachtkleid ① mit langen Schmuckfedern am Kopf und segelartig aufgestellten, orangefarbenen Flügelfedern; Weibchen ④ überwiegend graubraun, markante Zeichnungen sind weißer Augenring mit Streif und ein leuchtend weißer Bauch ②.
STIMME: Flugruf des Erpels ein pfeifendes »wrrik«; bellendes »köw« des Weibchens.
VORKOMMEN: Ursprünglich aus Ostasien stammend, in Europa als Parkvogel eingebürgert; heute gebietsweise verwildert und frei brütend, insbesondere an waldumstandenen Seen sowie an Flüssen mit dicht bewachsenen Ufern.
NAHRUNG: Samen und Baumfrüchte, auch Würmer, Schnecken, Insekten.
BRUT: Mandarinenten brüten gewöhnlich in Baumhöhlen nahe dem Wasser. 7–12 weiße Eier werden ohne Nestunterlage auf den Höhlenboden gelegt. Die frisch geschlüpften Küken springen aus ihrer Nesthöhle auf den Erdboden hinab und werden von der Mutter zum Wasser geführt.

TYPISCH
Im Schlichtkleid sieht das Männchen dem Weibchen sehr ähnlich, hat aber statt eines braunen einen kräftig roten Schnabel ③.

1

2

3

4

1

2

3

4

Reiherente

Aythya fuligula

AUSSEHEN: 40–47 cm große, rundlich wirkende Tauchente; Männchen im Prachtkleid auffällig schwarz-weiß, mit langem, metallisch schimmerndem Nackenschopf ①, im Schlichtkleid mit nur kurzem Schopf ④ und braunen Flanken; Weibchen dunkelbraun ②.
STIMME: In der Balz ein kükenartiges, dünnes Pfeifen vom Männchen und hart schnarrende »ärr ärr ärr«-Rufe vom Weibchen; außerhalb der Balzzeit kaum zu hören.
VORKOMMEN: Brütet an größeren Seen und Stauseen, hierzulande aber weitgehend auf Bayern und Schleswig-Holstein beschränkt; im Winter als Durchzügler und Wintergäste in oft großer Zahl auf stehenden und fließenden Gewässern aller Art, auch auf Parkseen mitten in der Stadt.
NAHRUNG: Vor allem Schnecken, kleine Krebstiere, Muscheln und Insektenlarven; in geringem Maß auch Samen von Wasserpflanzen.
BRUT: Nest in der Ufervegetation oder im Schilf; 8–11 blassgrüne Eier.

TYPISCH
Viele, aber nicht alle Reiherentenweibchen haben rings um den Schnabelgrund einen weißen Fleck ③.

Tafelente

Aythya ferina

AUSSEHEN: Rund 45 cm große Tauchente; Männchen mit rotbraunem Kopf, Schnabel schwarz mit breiter hellgrauer Binde ②; im Prachtkleid Brust schwarz, Rumpf und Flügel silbergrau ①; im Schlichtkleid ③ ähnlich dem graubraunen Weibchen ④, vor allem an der Kopffärbung zu unterscheiden.
STIMME: Das Weibchen ruft rau schnarrend »charr charr«, der Balzruf des Erpels lässt sich etwa mit »uiwijerr« umschreiben.
VORKOMMEN: Früher als Brutvogel nur östlich der Elbe, seit einigen Jahrzehnten auch in Westdeutschland; zur Brutzeit hauptsächlich auf großen, schilfumstandenen Flachseen, in der übrigen Zeit auf Gewässern aller Art, auch auf städtischen Parkseen.
NAHRUNG: Wasserpflanzen, Samen, Insektenlarven, Würmer, Schnecken.
BRUT: Nest in der Ufervegetation versteckt; 5–11 blass graugrüne Eier.
BESONDERES: Zwischen Tafel- und Reiherenten kommen Kreuzungen vor. Die Mischlinge zeigen meist Merkmale beider Elternarten.

TYPISCH
Der rasante Flug der Tafelenten ist mit einem deutlich vernehmbaren, pfeifenden Schwingengeräusch verbunden.

1

2

3

4

1

2

3

4

Steinadler

Aquila chrysaetos

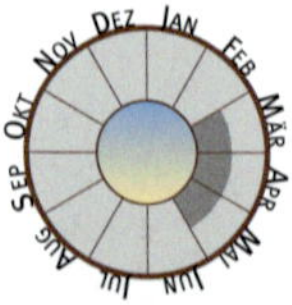

Aussehen: 75–90 cm groß, Flügelspannweite bis über 2,20 m, Weibchen etwas größer als Männchen; kräftiger Hakenschnabel mit schwarzer Spitze, starke Augenwülste ④; erwachsene Adler beiderlei Geschlechts einfarbig dunkelbraun, im Alter Kopf und Nacken goldbraun ①.

Stimme: Kaum jemals lässt der Steinadler seine Stimme hören. Wenn doch, ruft er bussardähnlich »hiäh« oder laut »jick jick«.

Vorkommen: In Mitteleuropa fast nur noch in den Hochlagen der Alpen; fliegt im Winter zur Jagd oft weit in die Täler hinab oder gar ins Alpenvorland hinaus.

Nahrung: Säugetiere bis zur Größe eines Gamskitzes oder Hirschkalbs (überwiegend Murmeltiere), Vögel bis etwa Auerhahngröße, auch Aas.

Brut: Großer Horst in steilen Felswänden, gewöhnlich über viele Jahre hinweg benützt; zumeist 2 Eier im Jahr, die lebhaft gefleckt sind.

Typisch

Junge Steinadler haben bis zum 5. Lebensjahr weiße Flügelabzeichen ② und einen weißen Schwanz mit breiter, schwarzer Endbinde ③.

Seeadler

Haliaeetus albicilla

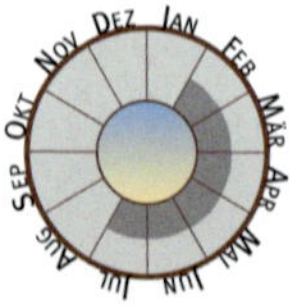

Aussehen: Männchen etwa 80 cm, Weibchen 90 cm groß, Flügelspannweite bis zu 2,45 m; bei erwachsenen Vögeln Kopf und Hals heller braun als das übrige Federkleid ①, Schwanz weiß und keilförmig ④; Jungvögel mit braunem Schnabel und Schwanz ②.

Stimme: Seeadler lassen ihre Stimme fast nur bei der Balz ertönen: Das Männchen ruft gellend »krick-rick-rick-rick«, das Weibchen antwortet mit einem tieferen »ra-rack-rack«.

Vorkommen: Sowohl an der Küste wie auch an großen, fischreichen Seen und Flüssen; in Deutschland rund 140 Brutpaare, vorwiegend im Nordosten des Landes; umherstreifende jüngere Seeadler gelegentlich auch an Seen im südlichen Deutschland.

Nahrung: Überwiegend große Fische sowie Wasservögel bis Gänsegröße, gelegentlich auch Säugetiere, häufig Aas.

Brut: Umfangreicher Horst auf hohen Bäumen an Seeufern, an der Küste auch auf Klippen; 1–3 weiße Eier.

Typisch

Seeadler zeichnen sich durch einen mächtigen gelben Schnabel aus ③. Auch ihre Beine sind kräftig gelb gefärbt.

1

2

3

4

1

2

3

4

Fischadler

Pandion haliaetus

AUSSEHEN: 55–70 cm groß, schlank, mit möwenartig schmalen Flügeln ②; Oberseite dunkelbraun, Unterseite weiß ④, Kopf weiß mit schwarzbrauner Maske ③; Nackenfedern beim Sitzen oft gesträubt.

STIMME: In der Umgebung des Horstes häufig kurze Rufreihen, die am Ende in der Tonhöhe absinken, etwa wie »tjip-tjip-tjip-tjip-tjüp-tjüp-tjöp-tjöp«.

VORKOMMEN: Mit Ausnahme von Skandinavien und Russland in Europa nur noch an wenigen Stellen als Brutvogel, bei uns nur in Ostdeutschland; als Durchzügler noch regelmäßig zu beobachten; fliegt zum Überwintern nach Afrika südlich der Sahara.

NAHRUNG: Ausschließlich Fische, die vom Fischadler nach einem Sturzflug mit den Fängen im Wasser gegriffen werden ①.

BRUT: Der mächtige Horst (S. 21) wird auf einem hohen Baum errichtet und oft jahrelang benutzt; eine Brut im Jahr mit 2–4 braun gefleckten Eiern.

TYPISCH

Aus einiger Entfernung wirkt die Unterseite eines fliegenden Fischadlers weitgehend weiß ②.

Rohrweihe

Circus aeruginosus

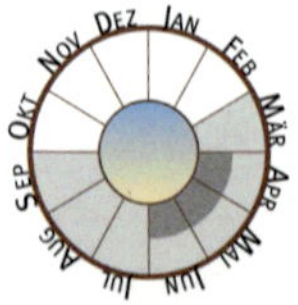

AUSSEHEN: 48–55 cm groß; Weibchen schokoladenbraun mit rahmfarbenem Oberkopf ①, Flügelunterseite dunkelbraun ③; Männchen mehrfarbig mit braunen, hellgrauen, schwarzen und beigen Gefiederpartien ④, Flügelunterseiten mehr oder weniger weiß mit schwarzen Spitzen ②.

STIMME: Beim Balzflug lässt das Männchen Reihen quäkender »kuäh«-Rufe hören; Warnruf ein scharfes »keke-ke-ke«.

VORKOMMEN: Bei uns nur im Tiefland, doch nirgendwo häufig; an Seen und Flüssen mit breiten Schilfgürteln; Jagdflüge auch über gewässernahen Feldern und Weiden; überwintert im Mittelmeerraum oder in Afrika südlich der Sahara.

NAHRUNG: Frösche, Wasservögel bis Blässhuhngröße, kleine Nagetiere, auch oft Vogeleier und Nestlinge.

BRUT: Nest am Boden, in dichter Ufervegetation versteckt, oft auch im Schilfgürtel direkt über dem Wasser; 3–6 weiße Eier.

TYPISCH

Bei der Beutesuche fliegen Rohrweihen niedrig über dem Boden. Ihr gaukelnder Flug mit v-förmig angehobenen Flügeln ist dabei betont langsam.

1

2

3

4

1

2

3

4

Mäusebussard

Buteo buteo

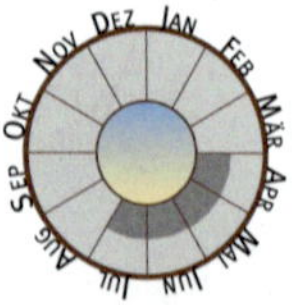

AUSSEHEN: 50–55 cm groß, Flügel breit, Spannweite rund 1,20 m; relativ kurzer, oft weit gefächerter Schwanz; Gefieder oberseits meist einfarbig braun, unterseits sehr variabel gefärbt, von schwarzbraun über lebhaft braun gefleckt ① bis fast weiß ④.
STIMME: Hohes, miauendes »hiääh«.
VORKOMMEN: Neben dem Turmfalken bei uns die verbreitetste und zugleich häufigste Greifvogelart; nistet gewöhnlich am Rand eines Waldes, Jagdflüge meist in offenem Kulturland, über Feldern und Wiesen.
NAHRUNG: Kleine, am Boden lebende Tiere bis zur Größe von jungen Kaninchen, in erster Linie Feldmäuse, aber auch Frösche, Eidechsen, Jungvögel und sogar Insekten und Regenwürmer; auch Aas.
BRUT: Horst hoch in Bäumen, jährlich neu gebaut; 2–3 dunkel gefleckte Eier; vorwiegend brütet das Weibchen, Männchen schafft Beute herbei.

TYPISCH

Unabhängig von der variablen Gefiederfärbung hat der Mäusebussard im Unterschied zum Wespenbussard stets dunkle Augen ② und gelbe Füße ③.

Wespenbussard

Pernis apivorus

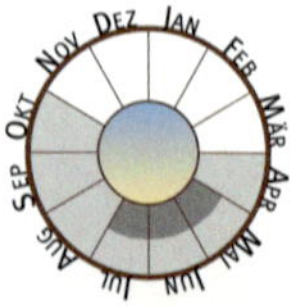

AUSSEHEN: In Größe und Gefieder ähnlich dem Mäusebussard, aber schlanker, mit kleinerem Kopf ① und längerem Schwanz; Augen kräftig gelb ②.
STIMME: Beim Kreisen über dem Brutrevier klagende, dreisilbige Rufe, etwa wie »hood-lüühooh«; bei Erregung helles »kikikiki …«.
VORKOMMEN: In praktisch allen Landschaften mit Wald, allerdings wesentlich seltener als der Mäusebussard; Nest am Waldrand, Nahrungssuche über offenem Gelände; fliegt zum Überwintern ins tropische Afrika.
NAHRUNG: Vorwiegend Larven und Puppen von Wespen, Bienen und Hummeln, die aus den Bodennestern ausgegraben werden; daneben aber auch andere Insekten; ausnahmsweise auch Frösche, Eidechsen oder Mäuse.
BRUT: Horst auf hohen Bäumen, wird regelmäßig mit frischen, belaubten Zweigen ausgelegt ④; normalerweise 2 Junge.

TYPISCH

Im Gegensatz zum Mäusebussard, dessen Schwanz 8–12 enge, dunkle Querbinden aufweist, sind auf dem Schwanz des Wespenbussards nur drei schwarze Binden zu erkennen ③.

1

2

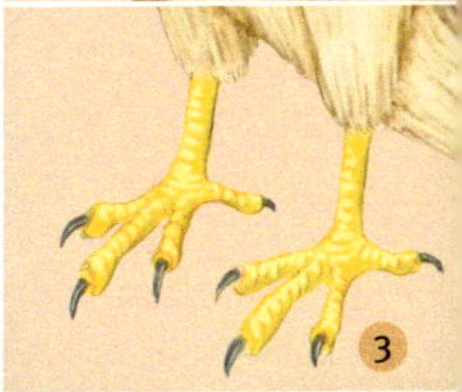
3

4

1

2

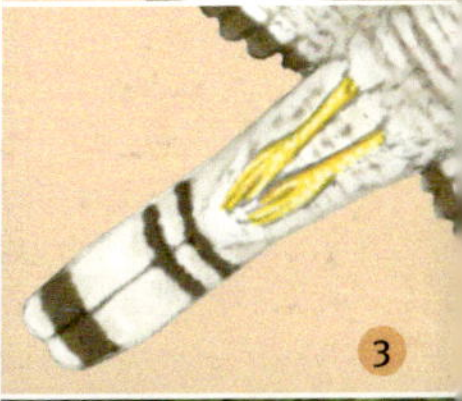
3

4

Rotmilan

Milvus milvus

AUSSEHEN: 60–66 cm großer, relativ langschwänziger Greifvogel mit gegabeltem Schwanz; Kopf hellgrau ④, übriges Gefieder großteils rotbraun ①; im Flug kontrastreiche weiße Flügelflecken sichtbar ②.
STIMME: Die Rufe am Brutplatz klingen jammernd, etwa wie »hiä-hij-hij-hij-hiä«.
VORKOMMEN: In reich gegliederten Landschaften mit alten Laubwäldchen, offenen Feldern und Wiesen sowie Gewässern; überwintert im Mittelmeerraum, in zunehmender Zahl aber auch bei uns.
NAHRUNG: Hauptsächlich Aas, erbeutet aber auch Säugetiere und Vögel bis etwa Hasen- bzw. Hühnergröße.
BRUT: Nest in der Krone hoher Bäume, außer mit Gras und Laub auch oft mit Papier-, Stoff- oder Plastikfetzen ausgelegt; 2–3 braun gefleckte Eier; Weibchen brütet allein, Männchen schafft Nahrung herbei.

TYPISCH
Der relativ lange Schwanz des Rotmilans ist bei erwachsenen Vögeln tief gegabelt ③, bei Jungvögeln noch etwas schwächer.

Schwarzmilan

Milvus migrans

AUSSEHEN: Mit 55–60 cm Größe etwas kleiner als der Rotmilan; Gefieder deutlich dunkler, Kopf graubraun ②, nur wenig heller als der schwarzbraune Körper ①; Schwanz nur gering gegabelt ③, gespreizt erscheint er wie gerade abgeschnitten ④.
STIMME: Rufe zur Brutzeit wie ein schrilles Wiehern, etwa »wü-hihihihi …«; in der übrigen Zeit oft ähnlich einem Bussard »hiäh«.
VORKOMMEN: In wald- und seenreichen Landschaften mit offenen Flächen; fehlt als Brutvogel in Nordwestdeutschland, in Mitteleuropa sonst aber weit verbreitet, gebietsweise sogar häufig; überwintert in Afrika.
NAHRUNG: Vor allem tote oder kranke Fische, aber auch kranke oder verletzte Säugetiere und Vögel sowie Aas; nur selten selbst erjagte Beute.
BRUT: Horst auf hohem Nadel- oder Laubbaum, oft mit Zivilisationsmüll wie Papier oder Plastik ausgelegt; 2–3 weiße, braun gefleckte Eier.

TYPISCH
Für den Schwarzmilan ist typisch, dass er in geringer Höhe an See- oder Flussufern entlangfliegt. Er hält dabei nach toten Fischen Ausschau, die er geschickt von der Wasseroberfläche greift.

1
2
3
4

1
2
3
4

Habicht

Accipiter gentilis

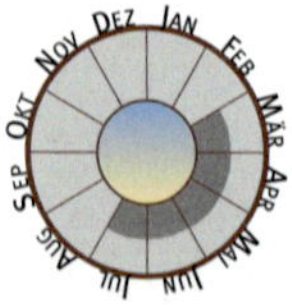

AUSSEHEN: Weibchen bis zu 60 cm groß, Männchen rund ein Drittel kleiner; Kopf relativ flach, mit gelben Augen ③; Gefieder oberseits graubraun, an Brust und Bauch weißlich mit enger Querbänderung ①; Schwanz lang und schmal, Flügel im Flugbild rundlich wirkend ②; Jungvögel unterseits mit dunkelbraunem Tropfenmuster ④.

STIMME: Häufigster Ruf ein helles, gezogenes »hiiiäh«; auch schnelle Tonreihen wie »gjägjägjä …« sowie ein kurzes »jük«.

VORKOMMEN: In beinahe ganz Europa; vorzugsweise in lockerem Nadel- und Mischwald, gelegentlich auch in Stadtrandgegenden mit vielen Bäumen.

NAHRUNG: Vor allem Vögel und Säugetiere, in der Größe von Mäusen und kleinen Singvögeln bis hin zu Auerhühnern und Hasen.

BRUT: Nest in Kronen hoher Bäume am Waldrand; 2–5 rein weiße Eier.

TYPISCH

Im Gegensatz zum Sperber sieht man den Habicht nur im Frühjahr kreisen. Bei seinem Flug wechseln sich Phasen schneller Flügelschläge mit kurzen Gleitstrecken ab.

Uhu

Bubo bubo

AUSSEHEN: Bis zu 70 cm groß, massige Gestalt; Augen gelb bis orangerot; lange Federohren ②; Gefieder lebhaft braun gefleckt ①; Füße bis zu den Krallen befiedert ③.

STIMME: Tiefe, weit tragende »buho«-Rufe des Männchens sowie etwas höhere und deutlich zweisilbige »u-huu«-Rufe des Weibchens, vor allem im Herbst und im Vorfrühling; vom Weibchen auch häufig heiseres »chriää« oder scharfes »gräck«.

VORKOMMEN: Vor allem in den Alpen und einigen höheren Mittelgebirgen in waldreichen und felsigen Regionen, auch im Tiefland in Flusstälern mit Steilhängen oder bei großen Steinbrüchen.

NAHRUNG: Säugetiere von Maus- bis Hasengröße, außerdem Vögel bis zur Größe eines Auerhuhns.

BRUT: Die 2–5 weißen Eier werden ohne Nestunterlage auf einem Felsband, manchmal auch einfach auf dem Boden abgelegt. Das Weibchen brütet allein, das Männchen schafft für die Familie Nahrung herbei.

TYPISCH

Im Flug sind der kurze, breite Schwanz und die besonders breiten Flügel charakteristische Kennzeichen des Uhus ④.

1

2

3

4

1

2

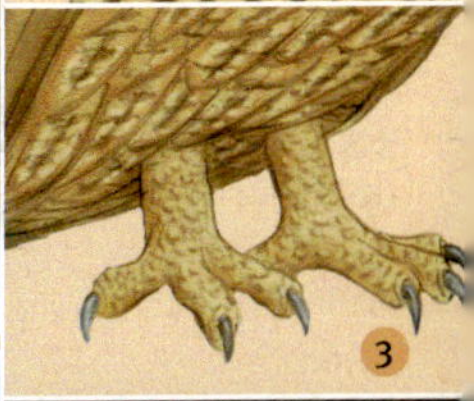
3

4

Auerhuhn

Tetrao urogallus

AUSSEHEN: Hahn etwa 85 cm groß, Gefieder schwarz-braun, mit grünem Glanz auf der Brust, über dem Auge eine rote Hautstelle ③; Henne ④ nur etwa 60 cm groß, braunes, tarnfarbenes Federkleid mit rostrotem Brustband und Schwanz; fliegend im Gegensatz zum Birkhuhn mit gerundetem Schwanz ②.
STIMME: Balzstrophe des Hahns aus klackenden, immer schneller werdenden Lauten, am Ende ein knallender Laut, dem noch einige wetzende und schleifende Töne folgen.
VORKOMMEN: Nur noch in wenigen Wäldern der Alpen und einiger hoher Mittelgebirge.

TYPISCH

Bei der Balz präsentiert sich der Auerhahn am Boden oder auf einem tiefen Ast mit aufgestelltem, gefächertem Schwanz ① und gibt seinen typischen »Gesang« zum Besten.

NAHRUNG: Kräuter, Beeren; Ameisenpuppen für die Jungenaufzucht; im Winter hauptsächlich Fichten- oder Kiefernnadeln.
BRUT: Nest am Boden, oft unter tief herabhängenden Ästen; 5 – 12 gelblich braune, lebhaft gefleckte Eier; Junge sind Nestflüchter.

Birkhuhn

Tetrao tetrix

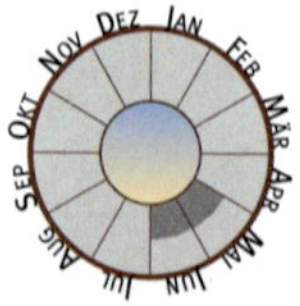

AUSSEHEN: Etwa 40 – 55 cm groß; Hahn ① mit blauschwarz glänzendem Gefieder, dicken, leuchtend roten Überaugenwülsten und verlängerten, leierförmigen Schwanzfedern ③; Henne ④ unscheinbar braun, im Flug leicht gegabelter Schwanz.
STIMME: Die Balzstrophe des Männchens ist ein weithin hörbares Kullern oder Gurgeln. Die Weibchen gackern nasal.
VORKOMMEN: In den Alpen, im Bayerischen und Böhmerwald in Regionen um die Baumgrenze, nur noch sehr selten im Tiefland, vor allem auf Moor- und Heideflächen.

TYPISCH

Beim fliegenden Birkhahn fällt neben den gebogenen Schwanzfedern ein breiter weißer Flügelstreif auf ②.

NAHRUNG: Knospen von Laub- und Nadelbäumen, Blätter und Früchte von niedrigen Beerensträuchern; zur Jungenaufzucht auch Insekten.
BRUT: Bodennest, in der Vegetation gut versteckt; 7 – 10 gefleckte Eier.
BESONDERES: Die Hähne halten sich fast das ganze Jahr über an gemeinsamen Balzplätzen auf, wo sie mit gespreiztem Schwanz, heftigem Flügelschlagen und Flattersprüngen balzen.

1

2

3

4

1

2

3

4

Fasan

Phasianus colchicus

AUSSEHEN: Etwa haushuhngroß, einschließlich des Schwanzes bis zu 90 cm lang; Hahn sehr variabel gefärbt, zumeist kupferrot mit dunkelgrünem, schillerndem Kopf ①, vielfach mit weißem Halsring, stets mit roten Hautlappen im Gesicht ②; Henne ④ erdbraun mit dunkler Fleckung; Jungvögel wie die Hennen, aber noch mit kurzem Schwanz.

STIMME: Revierruf des Männchens ein blökendes »köökock«, dem ein vernehmbares Flügelschlagen folgt; Alarmruf des Hahns ein heiser krächzendes »äch-äch«, der Henne ein scharfes »zik-zik«.

TYPISCH

Der lange, spitz zulaufende Schwanz, den beide Geschlechter tragen, macht den Fasan im Flug ③ wie am Boden unverkennbar.

VORKOMMEN: Aus Südostasien stammend, vor Jahrhunderten in Europa als Jagdwild eingebürgert; heute bei uns in Kulturlandschaften mit Feldern und Auwäldern verbreitet; vielerorts häufig.

NAHRUNG: Grüne Pflanzenteile, Samen, Beeren, Getreide, Feldfrüchte.

BRUT: Bodennest, gut in der Vegetation verborgen; 8–12 olivbraune Eier.

Kolkrabe

Corvus corax

AUSSEHEN: Mit einer Körpergröße von 65 cm ist der Kolkrabe der größte Singvogel der Welt. Sein »kohlrabenschwarzes« Gefieder schillert metallisch blau ①. Auch Beine ③, Augen und der eindrucksvoll große Schnabel ② sind schwarz gefärbt.

STIMME: Im Flug tief und sonor »krok« oder »kroa«, manchmal auch metallisch »klong« oder krähenartig »wärrr«; Gesang hingegen leise schwätzend, nur sehr selten zu hören.

TYPISCH

Im Flugbild ist das keilförmige Schwanzende für Kolkraben charakteristisch ④. Oft kann man die Vögel paarweise im Aufwind segeln sehen.

VORKOMMEN: In den unterschiedlichsten Lebensräumen, von der Küste über offene Waldlandschaften bis zum Hochgebirge; bei uns allerdings außer im Alpenraum sowie in Nordostdeutschland nur noch in wenigen Regionen.

NAHRUNG: Kleintiere wie Insekten, Würmer und Schnecken, kleine Wirbeltiere, Aas, Abfälle des Menschen, aber auch Samen und Früchte.

BRUT: Mächtiges Reisignest in der Krone eines hohen Baums oder in einer Felsspalte; 3–6 grünliche Eier mit dunklen Flecken und Spritzern.

1

2

3

4

1

2

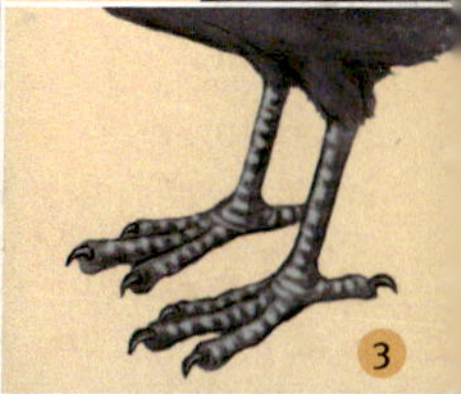
3

4

Weißstorch

Ciconia ciconia

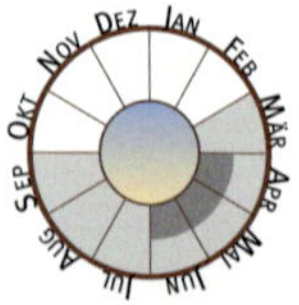

Aussehen: Mit ausgestrecktem Hals gut 1 m lang, Flügelspannweite rund 2 m; schwarze Schwungfedern im ansonsten weißen Gefieder; Schnabel und Beine leuchtend rot ①, bei Jungstörchen ③ noch schwärzlich braun.

Stimme: Weißstörche rufen nicht, sie lassen statt dessen das allbekannte Schnabelklappern ertönen ④. Nestjunge geben grunzende, rülpsende und winselnde Laute von sich.

Vorkommen: In offenen Kulturlandschaften mit Wiesen und Feuchtgebieten; in Mitteleuropa nur noch regional in größerer Zahl; überwintert im südlichen Afrika.

Nahrung: Kleintiere aller Art, die der Storch am Boden oder im flachen Wasser erbeutet, z. B. Mäuse, Frösche, Fische, Schlangen und Nestlinge bodenbrütender Vögel; Regenwürmer für die Jungenaufzucht.

Brut: Großes Reisignest auf Dachfirsten, Schornsteinen oder Strommasten, aber auch auf Bäumen; 3–5 weiße Eier.

Typisch

Im Flug erkennt man den Weißstorch leicht an seinem lang ausgestreckten Hals und den langen, nach hinten gestreckten Beinen ②.

Schwarzstorch

Ciconia nigra

Aussehen: Körperlänge knapp 1 m, Flügelspannweite 1,70–2 m; schwarzes, metallisch grün und purpurn glänzendes Federkleid ①, nur Bauch weiß, mit scharfer Farbgrenze an der Brust ④; Beine, Schnabel und Augenring kräftig rot ③; Jungvögel ② dunkel graubraun mit olivbraunem Schnabel und Beinen.

Stimme: Im Flug melodisches »üüüo«, am Nest leises »hi-liii-hi-liii«, bei Erregung helles »fiiieh«, das in kurzes Fauchen übergeht; klappert im Gegensatz zum Weißstorch kaum.

Vorkommen: In unberührten Laub- und Nadelwäldern mit reichlich Bächen und Tümpeln; in Mitteleuropa selten geworden, jedoch in forstwirtschaftlich wenig genutzten Wäldern Bestände in letzter Zeit vielerorts wieder zunehmend; zieht zum Überwintern nach Ostafrika.

Nahrung: Vorwiegend Fische, Frösche und Molche.

Brut: Großes Reisignest auf hohen Bäumen, das jahrelang benutzt und alljährlich erweitert wird; 3–5 weiße Eier.

Typisch

Zu Beginn der Brutsaison segeln Schwarzstörche oft stundenlang hoch in der Luft über ihrem Brutrevier.

1

2

3

4

1

2

3

4

Graureiher

Ardea cinerea

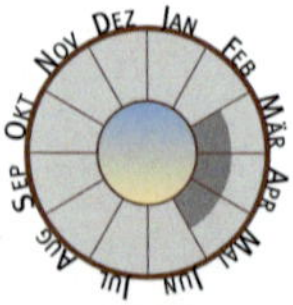

Aussehen: 90–100 cm großer, überwiegend grauer Reiher mit kräftigem, dunkelgelbem Schnabel; breiter, schwarzer Überaugenstreif, der sich am Hinterkopf in langen, dünnen Schmuckfedern fortsetzt ②; Jungvögel mit schwarzer Stirn; Hals in Ruhe meist s-förmig zusammengelegt, sodass der Kopf aus den Schultern zu wachsen scheint ③.

Stimme: Laute, rau krächzende Rufe wie »kraak« oder »chrääk«; beim Auffliegen oft ein kurzes, zweisilbiges »krä-ik«.

Typisch

Ein fliegender Graureiher hält seinen Hals s-förmig eingezogen. Nur seine langen Beine sind nach hinten ausgestreckt ④.

Vorkommen: Nahrungssuche an Gewässern mit vegetationsreichen Ufern ① sowie in Sümpfen oder auf Feuchtwiesen; Brutkolonien hingegen oft weit vom Wasser entfernt in kleinen Wäldern.

Nahrung: Vorwiegend Fische, auch Frösche, Molche, Mäuse, Insekten.

Brut: Große Reisignester in Kolonien, meist auf hohen Bäumen, selten auch im Schilf, werden oft jahrelang benutzt; 3–5 blass grünliche Eier.

Silbermöwe

Larus argentatus

Aussehen: 55–67 cm groß; Gefieder im Prachtkleid schneeweiß mit silbergrauen Flügeldecken und schwarz-weißen Flügelspitzen ①; im Schlichtkleid Kopf grau gestreift; Jugendkleid bis zum 4. Lebensjahr fein braun gefleckt ④.

Stimme: Jaulendes oder miauendes »kjau-kjau«, oft vielfach aneinander gereiht; auch jauchzendes »kija kija kija kijau«; Warnruf am Nest glucksend, etwa wie »ag-ag-ag«.

Typisch

Ein gelber Schnabel mit einem roten Fleck am Unterschnabel ③, gelbe Augen sowie fleischfarbene Beine ② sind kennzeichnend für die Silbermöwe.

Vorkommen: Unsere häufigste Großmöwe, brütet an Nord- und Ostsee zu Zehntausenden, aber auch oft an küstennahen Gewässern sowie nicht selten an großen Seen und Flüssen weiter im Binnenland; im Winter häufig in Fischereihäfen, im Binnenland bei Schlachthöfen und Mülldeponien.

Nahrung: Fische und andere Meerestiere, Eier, Nestlinge, Aas, Abfälle.

Brut: Spärlich mit Pflanzenmaterial ausgelegtes Nest am Boden, zum Teil auf kahlem Fels; gewöhnlich 2–3 grünliche bis olivbraune Eier.

1

2

3

4

1

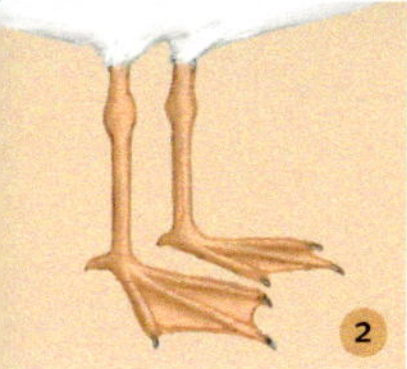
2

3

4

Kormoran

Phalacrocorax carbo

Aussehen: 80–100 cm groß; Gefieder größtenteils schwarz; im Prachtkleid metallisch grün und bronzefarben schimmernd, an Kopf und Hals mehr oder weniger viel Weiß ①, am Schenkelansatz ein weißer Fleck ②; Schnabelspitze mit scharfem Haken.

Stimme: Raues »chro-chro-chro« oder »krao«, nur an seinen Brutplätzen zu hören.

Vorkommen: An Meeresküsten ebenso wie an fischreichen Seen und Flüssen; an Binnengewässern sowohl als Brutvögel wie auch als Durchzügler und Wintergäste gebietsweise stark zugenommen.

Nahrung: Hauptsächlich Fische, meist zwischen 10 und 20 cm Länge.

Brut: Reisignester in Kolonien auf hohen Bäumen, an Küsten auf Klippen; 3–4 hellblaue Eier mit kalkigem Überzug; Junge sind Nesthocker.

Besonderes: Kormorane sitzen oft stundenlang mit ausgebreiteten Flügeln an luftiger Stelle, um ihr durchnässtes Gefieder zu trocknen ④.

Typisch

Der Kormoran liegt beim Schwimmen sehr tief im Wasser, Kopf und Schnabel hält er meist schräg nach oben ③.

Haubentaucher

Podiceps cristatus

Aussehen: 45–50 cm großer, langhalsiger, graubrauner Wasservogel; im Sommer mit rostroten und schwarzen Schmuckfedern am Kopf, die zu »Ohren« und einem »Backenbart« spreizbar sind ③; im Schlichtkleid Kopfputz fehlend oder nur angedeutet ②.

Stimme: Als Ruf ein raues »gröök gröök«; bei der Balz im Frühjahr auch ein knarrendes »arrrr« oder ein tonloses »k'pk'p«, in Nestnähe ein gezogenes »kwääh äh«.

Vorkommen: Auf Seen und größeren Teichen mit ausgedehntem Schilfgürtel, auch auf langsam fließenden Flüssen; im Winter oft mit Zuzüglern aus dem Norden zu Trupps vereinigt.

Nahrung: Kleine Fische und andere Wassertiere, die meist tauchend erbeutet werden, außerdem Insekten und Kleinkrebse.

Brut: Schwimmendes Nest ①, meist im Schilf verborgen; 4–5 weiße Eier. Die Jungen können vom ersten Tag an schwimmen, lassen sich anfangs aber meist von den Eltern auf dem Rücken transportieren.

Typisch

Bei der Balz vollführen die Partner lange synchrone »Tänze« mit Kopfschütteln, Aufrichten und Verrenken des Halses ④.

1

2

3

4

1

2

3

4

Gänsesäger

Mergus merganser

AUSSEHEN: Gut 60 cm großer Schwimmvogel mit schmalem, rotem Schnabel; Männchen im Prachtkleid schwarz-weiß mit grün schillerndem Kopf ①; im Schlichtkleid mit rotbraunem Kopf ③, dem Weibchen ähnlich, dieses jedoch am Rücken heller grau ④.

STIMME: Männchen rufen bei der Balz froschähnlich »körr korr-körr körr«, Weibchen mit Jungen tief »kro kro«.

VORKOMMEN: Auf Flüssen oder Seen mit klarem Wasser und alten Bäumen am Ufer; in Deutschland Brutpaare nur im Alpenraum und in Norddeutschland; im Herbst und Winter zusätzlich Wintergäste aus dem Norden bei uns.

NAHRUNG: Hauptsächlich Fische, die gewöhnlich kleiner als 10 cm sind.

BRUT: Nest in Baumhöhlen, Fels- oder Mauerlöchern; Weibchen brütet allein. Die 8–12 Jungen springen im Alter von 1–2 Tagen aus der Bruthöhle in die Tiefe und werden von der Mutter zum Wasser geführt.

> **TYPISCH**
>
> **Der Schnabel des Gänsesägers trägt vorn einen scharfen Haken und am Rand feine Sägezähnchen (Name!) ②.**

Schellente

Bucephala clangula

AUSSEHEN: Knapp 50 cm lange, großköpfige Tauchente mit gelben Augen; Männchen im Prachtkleid schwarz-weiß, mit einem runden, weißen Fleck an der Wange (①, rechts); im Schlichtkleid ähnlich dem Weibchen ④, mit schokoladenbraunem Kopf und grauem Rumpf, Schnabel mit gelber Spitze ③.

STIMME: Die Männchen rufen bei der Balz quäkend »quiiirr-ik«, wobei sie den Kopf weit in den Nacken legen ② und dann nach vorn werfen. Weibchen lassen im Flug ein knarrendes »quarr quarr« hören.

VORKOMMEN: Brütet in Deutschland nur in Schleswig-Holstein und an einigen Stellen in Bayern; doch in Mitteleuropa sehr häufiger Wintergast, an der Küste ebenso wie auf Seen und Flüssen im Binnenland.

NAHRUNG: Wasserinsekten und deren Larven, Schnecken, Kleinkrebse.

BRUT: Nest meist in gewässernahen Schwarzspechthöhlen; 6–11 grünliche Eier; Küken lassen sich aus dem Nest auf den Waldboden fallen.

> **TYPISCH**
>
> **Schellenten fliegen mit sehr schnellen Flügelschlägen, wobei ein auffallendes, pfeifendes Geräusch entsteht, auf das der Artname zurückgeht.**

1

2

3

4

1

2

3

4

Höckerschwan

Cygnus olor

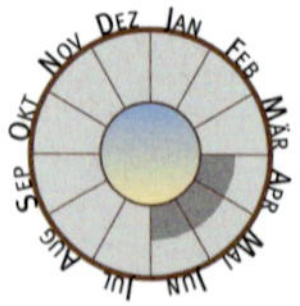

Aussehen: Mit ausgestrecktem Hals 1,40–1,60 m lang; Gefieder rein weiß ①; Schnabel orangerot, darüber ein fleischiger, schwarzer Höcker ③ (Name!); Jungschwäne meist graubraun mit grauem Schnabel.
Stimme: Nur zur Brutzeit schnarchende Rufe, sonst fast immer stumm; bei Bedrohung aggressives Fauchen.
Vorkommen: Ursprünglich nur von Südskandinavien bis Osteuropa, in den letzten Jahrhunderten in Mitteleuropa vielerorts als Parkvogel eingebürgert; heute bei uns fast überall verwilderte Abkömmlinge auf Seen und Flüssen des Tieflands.
Nahrung: Wasserpflanzen, auch Uferpflanzen; Brot aus Fütterungen.
Brut: Nest ein großer Haufen aus Schilf und Uferpflanzen, nahe am Wasser; 5–7 graugrüne bis bräunliche Eier. Die Jungen sind Nestflüchter, werden anfangs aber oft von den Eltern auf dem Rücken getragen ②.

Typisch

Ein Höckerschwan hat eine Flügelspannweite von über 2 m ④. Im Flug ist ein deutliches, pfeifendes Schwingengeräusch zu hören, das beim Singschwan fehlt.

Singschwan

Cygnus cygnus

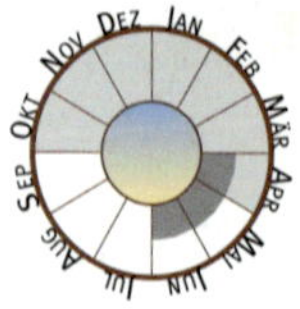

Aussehen: In Größe und Färbung wie der Höckerschwan, aber mit leuchtend gelber Schnabelbasis ①; Jungvögel graubraun ②.
Stimme: Laut trompetende Rufe, etwa wie »an-göh« oder »huang«, im Flug meistens dreisilbig »hup-hup-hup«; in der Gruppe auch leise Kontaktlaute wie »ong« oder »gä«.
Vorkommen: Brütet an Seen und Flussmündungen in Nordeuropa und Nordasien; in Mitteleuropa regelmäßiger Wintergast, in Deutschland hauptsächlich an der Küste und im Norddeutschen Tiefland.
Nahrung: Vor allem Wasserpflanzen, aber auch Gras, Klee, Feldsaaten.
Brut: Nest ein großer Haufen aus Pflanzenmaterial, am Ufer oder im Schilf; 4–6 cremeweiße Eier; Junge werden von beiden Eltern betreut.
Ähnliche Art: Der kleinere Zwergschwan *(Cygnus columbianus)* ④ hat einen kürzeren Hals. Das gelbe Feld des Schnabels ist kleiner als beim Singschwan und nach vorn zu gerundet, nicht keilförmig ausgezogen ③.

Typisch

Der Singschwan trägt seinen Hals beim Schwimmen nicht s-förmig gebogen wie der Höckerschwan, sondern meist kerzengerade gestreckt ①.

1

2

3

4

1

2

3

4

Register

Impressum

Wichtiger Hinweis
Die Daten und Fakten dieses Ratgebers wurden mit äußerster Sorgfalt recherchiert und geprüft. Dennoch kann eine Garantie nicht übernommen werden. Eine Haftung des Verlages für Personen-, Sach- und Vermögensschäden ist ausgeschlossen.

Programmleitung: Steffen Haselbach
Leitende Redaktion: Anita Zellner
Redaktion: Dr. Michael Eppinger, Dr. Helga Hofmann
Text: Dr. Helga Hofmann
Umschlaggestaltung:
independent Medien-Design
Layout: H. Bornemann Design
Illustrationen: Peter Braun, atelier amAldi
Satz: Filmsatz Schröter, München
Produktion: Petra Roth
Repro: Penta, München
Druck: Appl, Wemding
Bindung: Auer, Donauwörth
Printed in Germany
ISBN 978-3-7742-6637-7

4. Auflage 2009

GRÄFE UND UNZER

Ein Unternehmen der
GANSKE VERLAGSGRUPPE

Bildnachweis

Titelbild: Eichelhäher; kleine Bilder von links: Buntspecht, Blaumeise, Kernbeißer
Seite 6/7: Weißstörche
Seite 24/25: Grauschnäpper

Angermayer/Pölking: Seite 9 o., 159 o.; Angermayer/Reinhard: Seite 93 u. li., 167 o. li.; Angermayer/Schmidt: Seite 43 u. re., 71 o. li., 115 u. re.; Angermayer/Ziesler: Seite 113 u. re., 147 o., 149 o. re.; Danegger: Seite 3 o., 6/7, 11 o., mi., 12 u., 17 o., u. li., u. mi.li., 18 u., 29 o. li., 39 u. re., 49 o. li., 51 o. li., 53 u. li., 79 u. re., 97 u., 115 o., 119 u. re., 123 u. re., 135 o., 139 u. li., 141 o. li., 143 o., u. re., 145 u. re., 155 o., u. li., 163 o. li., u. re., 165 u. li., u. re., 171 o. re., 179 u., u. re., 185 o., 185 o. li.; Diedrich: Seite U2 re. o., 11 mi. u., 15 o. re., 39 o. li., 51 o. re., 57 u. re., 73 u. re., 85 u. re., 109 u. re., 113 o. re., 129 o. re., 133 u. li., 149 u. re.; Fürst: Seite 65 o. re., 89 u. re., 99 o.; Giel: Seite 173 o. re.; Hüttenmoser: Seite 73 o. li.; Juniors/Arndt: Seite 185 u.; Limbrunner: Seite U2 li. o., re. mi., 2 u., 9 mi., 12 o., mi., 13 li. mi., re. o., re. mi., 14 li., 15 u. li., u. re., 21 li. o., li. u., re. u., 23 li., re. o., 27 o. li., 35 u. li., 41 o. re., 45 o. re., 51 u. re., 55 o. re., 57 o. re., u. li., 59 o. li., u. re., 67 u. li., 69 o., 75 u., 77 o. re., 81 o. re., 87 o. li., o. re., 89 o. li., o. re., 93 o. re., 105 u. re., 111 o. li., 115 o. re., 117 o. re., u. re., 119 u., 121 o. re., 125 o. re., u. re., 127 o. li., u. re., 133 u. re., 135 o. li., 137 o. re., u. re., 141 o. re., u. re., 147 u. re., 149 o. li., u., 151 (alle), 153 u. li., 155 o. re., 157 u., 159 u. re., 169 u. re., 171 o. li., u. li., u. re., 175 o. li., u. li., 177 o. li., u. u. re., 181 u., u. re., 183 o. li.; Partsch: Seite 13 re. u., 17 u. mi.re., 37 u. re., 51 u., 53 u. re., 57 o. li., 119 o. re., 179 o. li., 183 u., u. re.; Pforr: 18 o., 71 o. re., 111 u. re.; Pregler: Seite U1 o. mi.; Reinhard: Seite 8 u., 15 o. li.; Schulze: Seite U2 re. u., 13 li. u., 14 re., 21 li. mi., 22, 23 mi., 31 u. li., 35 u. re., 39 o. re., 41 u. re., 47 u. re., 53 o. re., 61 o. li., o. re., 67 o. re., 71 u. li., 77 u. re., 81 o. li., u. li., 83 u. re., 87 u. re., 93 u. re., 95 u. li., 107 u. li., u. re., 111 o. re., 113 o. li., u. li., 121 o. li., 123 o. li., 127 o. re., 139 u. re., 145 u. li., 159 u. li., 183 o.; Silvestris/Gross: Seite 185 u. re.; Singer: Seite 117 u., 153 u. re.; Synatschke: Seite 20 o., 103 o. li.; Wendl: Seite U1 o. li., o. re., U2 li. u., 3 u., 8 o., 9 u., 11 u., 16 o., u. mi.re., u. re., 17 u. re., 19 o., 24/25, 27 u., u. re., 29 u., 31 o. li., 37 u., 39 u., 41 o. li., u. li., 43 o. li., 45 o. li., u., u. re., 47 o. li., 63 o. li., o. re., u., 65 u. li., 67 o. li., 69 u. re., 73 u. li., 75 o. li., o. re., 77 o. li., 89 u. li., 95 o., u. re., 99 u., 101 o. li., u. li., u. re., 103 u. li., 105 o. li., o. re., 109 o. li., 121 u. li., 123 o. re., u. li., 125 u. li., 131 o. li., u. li., u. re., 135 u. li., 137 o. li., 143 u., 145 o., o. li., 153 o. li., 161 u. li., 165 o. li., 167 o. re., 169 u. li., 173 o. li.; Wothe: Seite 13 li. o., 16 u. li., 27 o., 33 o. li., u. li., u. re., 37 o. re., 47 u., 59 u., 63 u. re., 73 o. re., 93 o. li., 103 u. re., 111 u. li., 117 o. li., 129 u. re., 133 o., o. li., 135 u. re., 137 u. li., 143 o. li., 155 u. re., 157 o., o. li., u. re., 161 o. re., 165 o. re., 167 u. re., 175 u. re., 181 o. li.; Zeininger: Seite U1 (großes Bild), U2 li. mi., 2 o., mi., 11 mi. o., 16 u. mi.li., 19 u., 20 u., 21 re. o., 23 re. mi. o., re. mi. u., re. u., 29 o. re., u. re., 31 o. re., u. re., 33 o., 35 o. li., o. re., 37 o. li., 43 o. re., u., 47 o. re., 49 o. re., u. li., u. re., 53 o. li., 55 o. li., u. li., u. re., 59 o., 61 u., u. re., 65 o. li., u. re., 67 u. re., 69 o. li., u. li., 71 u. re., 75 u. re., 77 u. li., 79 o. li., o. re., u., 81 u. re., 83 o. li., o. re., u. li., 85 o. li., o. re., u. li., 87 u., 91 (alle), 95 o. li., 97 o., o. li., u. re., 99 o. li., u. re., 101 o. re., 103 o., 105 u. li., 107 o. li., o. re., 109 o. re., u. li., 115 u., 119 o. li., 121 u. re., 125 o. li., 127 u. li., 129 o. li., u. li., 131 u. re., 139 o. li., o. re., 141 u., 147 o. li., u. li., 153 o. re., 159 o. li., 161 o. li., u. re., 163 o., u. li., 167 u. li., 169 o. li., o. re., 173 u., u. re., 175 o. re., 177 o. re., 179 o., 181 o. re.

1

2

3

4

1

2

3

4

Graugans

Anser anser

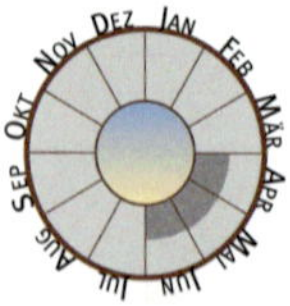

AUSSEHEN: Mit 75–90 cm etwa so groß wie die Hausgans, aber weniger plump; Gefieder einheitlich graubraun ①, im Flug silbergraue Flügelfelder sichtbar ④; Beine fleischfarben.
STIMME: Nasales »ga-gang-gang«, im Flug ein gedehntes »aahng-ong-ong«.
VORKOMMEN: Brutvogel aus Nord- und Osteuropa, bei uns vielerorts als halbzahmer Parkvogel ausgesetzt; heute verwildert auch an vielen großen Seen mit verschilftem Ufer.
NAHRUNG: Vorwiegend Gräser und Kräuter, seltener auch Wasserpflanzen.
BRUT: Nest an unzugänglichen Ufern; 4–8 weiße Eier; Weibchen brütet allein, Betreuung der nestflüchtenden Jungen durch beide Elternvögel.
ÄHNLICHE ART: Die nordische Saatgans *(Anser fabalis)* ② kommt bei uns sowohl als Durchzügler wie auch als Wintergast vor. Ihr Schnabel ist an der Basis mehr oder weniger ausgedehnt schwarz ③.

TYPISCH

Graugänse sind bei uns in zwei Unterarten anzutreffen: Die östliche Unterart hat einen fleischfarbenen Schnabel, die westliche einen orangegelben.

Kanadagans

Branta canadensis

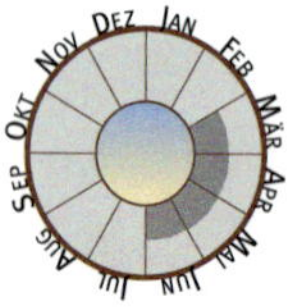

AUSSEHEN: 90–110 cm große Gans; oberseits braun, unterseits beige bis weiß, Hals und Kopf schwarz mit leuchtend weißem, dreieckigem Wangenfleck ①.
STIMME: Flugrufe nasal trompetend, etwa wie »ga-hong«, wobei die zweite Silbe höher ist; im Sitzen nur kurzes »honk«.
VORKOMMEN: Heimat Nordamerika, in Mitteleuropa als Ziergeflügel eingeführt; heute futterzahm auf Parkgewässern, selbst mitten in Großstädten; verwilderte Nachkommen auch an Seen, Fisch- und Dorfteichen.
NAHRUNG: Gräser und Kräuter, Wurzeln, Sämereien, Wasserpflanzen.
BRUT: Große, flache Nester, in der Ufervegetation verborgen oder auf kleinen Inseln, oft in kleinen Kolonien; gewöhnlich 5–6 gelbliche Eier.
ÄHNLICHE ART: Die Weißwangen- oder Nonnengans *(Branta leucopsis)* ④, ein regelmäßiger Durchzügler und Wintergast an der Nordseeküste, hat ein weißes Gesicht ③ und einen grauen Rücken.

TYPISCH

Ein weißes »U« trennt den dunklen Rücken und schwarzen Schwanz ② – bei einer fliegenden Kanadagans ein gutes Erkennungsmerkmal.